IGPS 基站网络时钟同步及复杂网络同步

RESEARCH ON CLOCK SYNCHRONIZATION OF IGPS BASE STATION NETWORK AND SYNCHRONIZATION PROBLEMS OF COMPLEX NETWORK

于淼 著

图书在版编目（CIP）数据

IGPS 基站网络时钟同步及复杂网络同步/于淼著.
—北京：知识产权出版社，2018.3
ISBN 978-7-5130-5457-7

Ⅰ.①I… Ⅱ.①于… Ⅲ.①全球定位系统—时间同步 Ⅳ.①P228.4

中国版本图书馆 CIP 数据核字（2018）第 042479 号

责任编辑：张　冰　　　　　　　责任校对：潘凤越
封面设计：张　悦　　　　　　　责任出版：孙婷婷

IGPS 基站网络时钟同步及复杂网络同步

于淼　著

出版发行：知识产权出版社 有限责任公司	网　　址：http://www.ipph.cn
社　　址：北京市海淀区气象路 50 号院	邮政编码：100081
责编电话：010-82000860 转 8024	责编邮箱：zhangbing@cnipr.com
发行电话：010-82000860 转 8101/8102	发行传真：010-82000893/82005070/82000270
印　　刷：北京九州迅驰传媒文化有限公司	经　　销：各大网上书店、新华书店及相关专业书店
开　　本：787mm×1092mm　1/16	印　　张：6.5
版　　次：2018 年 3 月第 1 版	印　　次：2018 年 3 月第 1 次印刷
字　　数：120 千字	定　　价：59.00 元
ISBN 978-7-5130-5457-7	

出版权专有　侵权必究
如有印装质量问题，本社负责调换。

前 言

近年来,越来越多的学者对时钟同步问题的研究产生了浓厚兴趣,并取得了一系列令人瞩目的成果,时钟同步也已成为分布式网络中的重要研究课题。作者在北京建筑大学机电与车辆工程学院机械电子工程系复杂系统建模与控制团队从事复杂系统同步与控制研究已有多年时间。随着时钟同步技术的不断发展,作者敏锐地发现其在 IGPS 基站网络间的广阔应用前景,从基本理论研究开始到实际应用,均取得了一系列的成果;同时,作者针对一些其他复杂网络同步问题也进行了探索与研究。本书结合作者十余年的理论研究成果和工程应用体会,系统地介绍了 IGPS 基站网络时钟同步以及其他复杂网络同步问题方面的基础知识和最新进展。

本书第 1 章是相关背景和基础知识的介绍,包括时钟同步研究概况以及复杂网络同步研究概况等。

第 2 章主要介绍本书中涉及的一些基本概念和主要引理,包括常用记号和特殊矩阵、图的基本概念和图的 Laplacian 矩阵。

第 3 章针对 IGPS 的组成结构以及定位原理进行了描述,并详细分析了系统的定位精确度。其中主要分析了 IGPS 乘性误差因素最小边界值,并通过仿真实验,总结出 IGPS 基站布局和信号接收机高度对定位精度的影响以及此套 IGPS 的定位性能。

第 4 章针对 IGPS 基站网络时钟同步问题提出了两种时钟同步的算法。一种是自适应离散卡尔曼滤波方法,该方法利用测量新息信息和状态修正序列在估计窗内分段静止的特性,克服了传统卡尔曼滤波过程过分依赖于数学模型和统计模型正确性的问题。使用这种方法可以在线实时修正和转换 IGPS 基站间的时钟相位偏差和时钟偏移,找出最佳时钟适合曲线,并估计过程噪声和测量噪声的协方差矩阵。另一种是借助多智能体一致性理论思想的快速平均同步算法(FASA)来实现处于复杂网络中时钟节点之间具有通信延迟的同步。首先详细阐述了实现 FASA 的过程,并从数学角度分析了此算法的收敛性,通过鲁棒最优设计的方法来证明 FASA 的收敛速率。通过与其他时钟同步算法比较后,得出 FASA 在时间上达到了快速一致,FASA 已成功应用到具有延迟结构的 IGPS 基站网络中,同步时间可达到纳秒级别,数值仿真和实验结果说明了 FASA 的正确性和有效性。

第 5 章针对一类具有时滞节点和耦合延迟结构的网络同步问题,将自适应同步方法应用到该网络中,设计了自适应控制器。利用 Lyapunov 稳定性理论证明复杂网络节点状态局部或全局地渐近同步在网络中独立的节点状态,并在由 M-G 系统组成的环状网络上证明了该自适应控制器的有效性。针对智能体惯性节点是二阶系统且具有时变通信延迟和切换通信拓扑结构的网络,研究了其指数同步问题。采用分解变化技术将网络中每个节点的惯性作用合成到控制器的设计中,对具有任意切换通信拓扑、拓扑图为平衡图且考虑通信延迟的分布式智能体惯性节点组成的网络,给出了实现指数二阶同步控制的充分条件。

本书在系统介绍理论和方法的同时,也结合了 IGPS 基站时钟同步网络的应用案例,可供从事相关工作的高校师生、研究人员或相关部门工程师参考。

本书及相关工作的完成,离不开众多专家的指导和支持,以及朋友、同事的关心和帮助,衷心感谢北京建筑大学刘永峰教授的悉心指导,感谢华北电力大学毕天姝教授对本书提出的修改建议,感谢我的硕士研究生尚伟鹏和路昊阳在本书整理过程中的辛勤工作。

本书得到国家自然科学基金项目(51407201)以及北京建筑大学学术著作出版基金项目(CB201719)资助出版,在此表示感谢。

由于作者水平有限,书中难免存在疏漏之处,恳请广大读者批评指正。

于淼

2017 年 11 月于北京

目　录

第1章　绪论 ·· 1

1.1　引言 ··· 1
1.2　时钟同步研究概况 ·· 2
　　1.2.1　时钟同步国外研究概况 ······································· 2
　　1.2.2　时钟同步国内研究概况 ······································· 4
　　1.2.3　时钟同步算法研究概况 ······································· 4
1.3　复杂网络同步研究概况 ·· 6
1.4　时钟同步以及网络同步问题研究的难点 ························· 8
1.5　本书的结构安排 ·· 9

第2章　基本概念和主要引理 ··· 11

2.1　常用记号和特殊矩阵 ··· 11
2.2　图记的基本概念 ·· 12
2.3　图的 Laplacian 矩阵 ··· 13
2.4　主要引理 ·· 13

第3章　IGPS 定位精确度研究 ··· 15

3.1　引言 ·· 15
3.2　IGPS 组成结构及其定位原理 ····································· 16
　　3.2.1　IGPS 组成结构 ··· 16
　　3.2.2　IGPS 定位原理 ··· 17
3.3　IGPS 定位精确度研究 ··· 18
　　3.3.1　IGPS 乘性误差 GDOP 最小边界 ·························· 19
　　3.3.2　IGPS 加性误差因素 ··· 22
3.4　仿真实验 ·· 22
3.5　本章小结 ·· 31

第4章　IGPS 基站网络的时钟同步 ········· 32

4.1　引言 ········· 32
4.2　IGPS 基站时钟模型建立 ········· 33
4.3　一种新的自适应离散卡尔曼滤波时钟同步方法 ········· 33
4.3.1　IGPS 基站网络时钟同步分析 ········· 33
4.3.2　一种新的自适应离散卡尔曼滤波时钟同步方法 ········· 36
4.3.3　实验和仿真 ········· 39
4.4　一种时钟快速平均同步算法（FASA）········· 41
4.4.1　问题描述和数学预备知识 ········· 42
4.4.2　一种快速平均同步算法（FASA）········· 45
4.4.3　FASA 收敛性分析 ········· 48
4.4.4　FASA 收敛速度分析 ········· 49
4.4.5　仿真与实验 ········· 51
4.5　本章小结 ········· 57

第5章　一些不同类型节点的网络同步问题 ········· 58

5.1　引言 ········· 58
5.2　自适应同步分析与控制器设计 ········· 60
5.2.1　含时滞节点和耦合延迟网络模型描述 ········· 60
5.2.2　含时滞节点和耦合延迟网络的局部同步结果 ········· 62
5.2.3　含时滞节点和耦合延迟网络的全局同步结果 ········· 65
5.2.4　数值仿真 ········· 67
5.3　含二阶节点的带通信延迟和切换拓扑结构的复杂网络指数同步研究 ········· 71
5.3.1　数学模型及其网络同步问题 ········· 71
5.3.2　二阶智能体惯性节点的分解变换 ········· 72
5.3.3　含二阶节点的任意切换拓扑结构的时滞复杂网络同步 ········· 74
5.3.4　仿真研究 ········· 79
5.4　本章小结 ········· 81

第6章　总结与展望 ········· 82

6.1　本书创新点 ········· 82
6.2　未来研究展望 ········· 82

参考文献 ········· 84

第 1 章
绪 论

1.1 引言

随着人类对整个物质世界探索的深入，时钟同步技术越来越在通信、国防等高精尖技术应用领域中得到广泛的应用，从火箭、导弹、飞机等目标的精密定位、突发的保密通信、预警及火控雷达网的协调工作到各兵种的协调作战都离不开时钟同步，它们对时钟同步的同步精度和工作可靠性提出了更高的要求。近 20 年来，网络技术和计算机技术都取得了突飞猛进的发展，人们对时钟同步实现的精确性、有效性、故障回复和容错能力以及应用范围等不断地创新和发展，并根据不同情况提出了可以应用于不同要求的模型算法[1-8]。但是，随着分布式系统中时钟同步技术的不断发展和完善，人们逐渐发现它具有一定的局限性。由于传统的时钟同步算法一般使用即时时间来进行时钟同步，并没有考虑本地节点的自身能力，而且受网络延迟及其不确定性因素的影响，使得时钟同步的实现无法实现更高的突破，很难满足对时钟同步要求快速的场合需求。

英语中的同步"synchronization"一词来源于希腊语词根"$\sigma\upsilon\gamma\chi\rho\acute{o}\nu\kappa$"，意思是"共享相同的时间"。同步问题广泛存在于自然界当中，这是一类非常重要的非线性现象。1665 年，荷兰物理学家 Huygens 最早发现同步问题，他观察到两个墙上的挂钟同步摆动的现象很有趣，即两个钟摆不管从哪个初始位置出发，一段时间后这两个钟摆的摆动总会趋向于同步状态[9]。然后，荷兰旅行家 Kempfer 于 1680 年在泰国湄南河上发现了萤火虫一起同步闪光的有趣现象。接下来，Winfree 将同步问题转化为相位变化问题，并且对多个耦合振子之间的同步问题进行了深入研究；Kuramoto 针对有限个恒等振子的耦合同步问题也进行了细致讨论；Wu 也针对各种耦合格子和细胞神经网络的同步问题进行了深入研究。[10,11]时钟同步问题早在 20 世纪 60 年代末 70 年代初就成了人们研究和关心的热点问题。1978年，科学家Lamport对如何实现多个节点之间的时钟同步问题进行了研究，他指出时钟同步是可能的，并且描述了实现的算法，为后来的研究学者们指出了方向。

目前，时钟同步应用系统都是建立在分布式网络环境之上的，因此我们需要进一步了解和加深对网络的认识。人们对网络最早的研究起源于欧拉七桥问题，之后随着社会的发展，人类知识量的激增，以及信息时代的到来，各种各样的与网络有关的问题摆到了人们面前，对这些网络[12-33]的研究会有助于我们更好地处理网络时钟同步的一些问题。最早对网络进行研究的是数学家们，他们认为网络可以看成是由具有一定功能和特征的个体组成的集合，并且在个体与个体之间存在着相互联系和相互影响。如果不考虑个体的功能和特征，网络可以用一个图（graph）来描述：将网络中的个体看成是图中的节点（node），将个体之间的影响看成是节点之间的边（edge）。他们发现可以用图论的工具来分析网络。经典的图论知识总是用某种规则的拓扑结构来模拟真实网络世界，直到1960年数学家Erdös和Rényi提出了随机网络基本模型[31]。在之后的近半个世纪里，科学家们把随机网络基本模型图看作研究真实网络世界最好的工具。但随着研究的进一步深入，科学家们从大量的实验结果中发现：真实网络世界中的结构既不是非完全规则的也不是非完全随机的。直到最近几年，由于科学技术领域的高速发展，供我们刻画现实世界网络特征的结论越来越多，这迫使学者们不得不重新认识网络，学者们发现不能单单用图论知识来研究网络，必须要提出新的模型和方法[29-32]。科学家们发现大量的真实网络是具有与规则网络和随机网络性质都不同的网络，并把这种网络称为复杂网络。1998年，Watts和Strogatz发现了复杂网络的小世界（small world）。1999年，Barabási和Albert发现了复杂网络的无标度（scale free）特征[29-32]。复杂网络最重要的特性是小世界效应和无标度特性。小世界效应和无标度特性的提出极大地推动了复杂网络研究的发展。

综上所述，如何将高精度、高稳定度的时钟源应用到网络领域是一个亟待研究的课题。本书以应用为导向，主要目的就是从理论上进一步深入研究时钟同步的原理和方法，并通过实验和仿真给出可行性的方案，是时钟同步满足快速性的场合需要。本书在以上方面做了一些基础性的研究，取得了一些成果，对分布式网络系统和精确的时钟同步都具有非常重要的意义。此外，本书也研究了不同类型节点组成的复杂网络同步问题。

1.2 时钟同步研究概况

1.2.1 时钟同步国外研究概况

1978年7月，Leslie Lamport在发表的论文"Time, Clocks and the Ordering

of Events in a Distributed System"[2]中就比较系统地阐述了时钟同步的原理、方法以及时钟同步在分布式系统中的应用,同时还特别阐述了逻辑时钟在带时序的分布式事件处理中的作用。随着计算机应用的发展以及分布式网络系统的出现,更高级的应用场合对时钟同步的精度要求也越来越高。分布式系统中如何实现多个节点间的时钟同步,就成为人们研究和关心的热点。进入20世纪80年代后,随着计算机的普及和发展,在时钟同步方面的研究取得了很大的进展。许多有关时钟同步问题的研究都受到政府各种基金的资助。例如,在美国,美国国防部、美国国家航空航天局资助了许多有关时钟同步方面的研究项目。1988年,美国国家航空航天局发布的技术备忘录中就有专门讨论时钟同步问题的综述性论文"A Survey of Correct Fault-Tolerant Clock Synchronization Techniques"。这篇论文不仅详细地论述了当前各种时钟同步技术和方法,而且还特别论述了有关时钟容错和修正方法的问题,最后在论文中还提出了时钟同步领域未来的研究方向。1995年,美国加州大学的两位在时钟同步研究领域具有很大影响力的教授 Christof Fetzer 和 Flaviu Cristian 联合发表了一篇名为"An Optimal Internet Clock Synchronization Algorithm"的学术报告。该报告中所采用的收敛函数"微分容错中的点收敛函数"能够保证最大限度地优化系统的修正、评估最大漂移率和最大偏差,并给出其对应关系。1999年,Sue B. Moon 等人[34-36]认为网络工程师和网络应用经常用到包延迟和包丢失路径来分析网络性能。但是,用于测量延迟的终端系统上的时钟并不总是同步的,这种不同步降低了测量的精确性。因此,估计和去除发送时钟和接收时钟延迟测量中相应的时钟脉冲相位差和偏移,对于准确评估和分析网络性能是至关重要的。研究者们提出了线性规划算法,并用它估计网络延迟中的时钟相位脉冲差,准确地评估和分析了网络性能。2000年,欧盟各国联合实施了一项"欧米伽"计划,其主要目的就是要促进时钟同步技术的改进和发展,进一步为实际应用和研究提供更高精度的时钟。这项计划的实施同时也加快了欧盟数字同步通信网的建设。2002年,日本东京大学的 Masato TSURUZ[37]发表了题目为"Estimation of Clock Offset from One-way Delay Measurement on Asymmetric Paths"的文章,主要讨论了基于两台主机单向延迟策略下的偏移估计和时钟漂移率,减小了由带宽不同引起的估计误差。2003年5月,Flaviu Cristian 和 Christof Fetzer 又联合发表了一篇名为"Probabilistic Internal Clock Synchronization"的学术报告。在该报告中,他们研究了在无边界通信延迟的情况下使用一个改进的概率论方法来读取远程的时钟,并设计了一个容错的和基于概率论的内部时钟同步协议,此时系统内部的时钟能够容忍任意的错误发生。由于采用的是基于概率论的方法进行读取时钟,因此它的精度要优于采用确定性算法进行时钟的远程读入。另一个优点就是用一个线性方程取代一个二次方程来描述信息的交换过程，这样做简化了问题的解决。此方法不仅有效减少了读取时钟信息的数量，也能够实现及时的信息交换。

1.2.2 时钟同步国内研究概况

时钟同步研究起源于国外，并且得到了迅速发展。国内在时钟同步领域的研究起步相对较晚，但是借助于较成熟的技术，也取得了良好的成果。部分相关的文献见文献［38］~［41］。目前大部分的研究内容还停留在对国外研究的介绍或对国外的某些时钟同步算法进行相应的改进。其中，文献［38］介绍了基于概率同步算法的计算机外时钟同步系统的设计，并推导了在网络延迟为对数正态分布模型下的同步包数目的计算公式。同时，作者也研究了基于该公式的概率同步算法参数设计。但这种研究还是基于某种限定条件，时钟的调整也采用的是即时时间，很难在实际系统中进行应用。文献［39］指出在许多分布式实时系统中，要求整个分布式系统上的各个处理器时钟彼此同步，因而就要采取各种手段进行同步处理。时钟同步算法保证了空间上分散的处理器时钟彼此同步，该作者研究了当前基于软件实现的忍受故障的几种时钟同步算法，即确定型、概率型和统计型同步算法，并进行特性分析，提出了结构化分析的方法。文献［40］主要介绍了广域网的时间同步算法，并讨论了影响时间同步精度的主要技术问题，同时该文献也给出了基于网络时间服务协议实现的结果和分析。文献［41］首先研究了时钟同步系统的三个主要方面，即同步模型、同步时钟源和同步方法。然后讨论了应用最为广泛的绝对物理时钟同步系统的设计方法，并对其中的两个核心算法 CRI 算法和 PCS 算法进行了详细的分析和性能比较。文章的最后还介绍了基于网络时间协议（NTP）的同步技术及其软件实现。文献［42］针对单向网络性能测量过程中存在的时钟同步问题，提出了基于法向距离最小的优化目标利用凸集性质推导估算时钟同步的误差算法，并对基于机群的分布式数据采集技术进行开发，减轻了网络传输的负载，提高了网络数据的采集速度，取得了良好效果。

1.2.3 时钟同步算法研究概况

在分布式网络的时钟同步研究中，时钟同步算法是整个系统的核心，系统时钟的调整就是通过这些算法来实现的，时钟同步算法[43-61]通常在网络中相互交换带时间戳的同步消息来达到时钟同步的目的。一般来说，尽管软件时钟同步算法不需要一些特殊的硬件支撑，但它却不能够提供向硬件时钟同步算法那样精确的时钟同步[62]。Goyer 算法是由 Goyer P. 等人提出，在他们发表的论文[63]中使用简单的时钟同步方法定义了一系列可靠的同步原语。但是该时钟同步的实现采用了集中式管理，缺乏整个系统的可扩展性和健壮性。Cristian 算法[49]是一个非常著名的外部时钟同步算法，它是由本领域的资深专家 Cristian F. 所提出的，这种方法可以往返测量延迟的重复修整策略，可以有效地保证对网络延迟测量的准确性。该方法的基本原则就是利用前一次信息传输延迟的结果对新的传输延迟进行评估。早期的 Cristian 算法使用一个时间服务器，客户端主机要想进行时间调整就必须向这个时间服务器发送时间请求。服务器接收到请求后，将其本身的时间值返回到客户端主机，此时的服务器处于被动工作状态，即根据客户的请求，服务器才能完成相应的动作。而 Berkeley 算法工作在 Berkeley Unix 环境下，服务器是一个主动的实体。它定期轮询客户机的时间，然后根据自己的判断向客户机发送调整时钟的命令。一般来说，如果时钟偏移的分布均值为 0，则使用平均值来调整时钟要比使用单个时钟的偏差来调整会更加准确。服务器会丢弃那些超过选择边界的往返时间值，并向客户端发送需要调整的时间偏差值，而这个值并不受到信息传输延迟的影响。在这个算法中，如果服务器时钟失败，则系统会重新选择出一个新的时间服务器来负责时钟同步的任务。以上的 Goyer 算法、Cristian 算法和 Berkeley 算法采用的都是集中管理策略，这就很难保证分布式系统的容错能力。也就是说，当中心节点出现故障后，客户端节点就退出了时钟同步的过程。

平均值算法就是根据上述问题而提出的。在采用平均值算法的系统中，每个节点在广播它本地时间的同时，还启动一个本地的时间采集器来获取系统中其他节点广播的时间信息。然后，系统中的各个节点再根据收集的这些信息计算出一个新的时间，这里最简单的方法就是求这些时间的平均值。由于没有充分考虑到信息延迟对时钟同步的影响，因此这种直接求平均值的算法很少被使用。但是，要计算出服务器到客户端的信息传输延迟也是一项艰难的工作。具体求平均值的方法可参见文献[64]。例如，交互收敛函数、容错中点函数、差分容错中点函数、滑动窗口函数等。

一般来说，硬件的时钟漂移率都有一定的边界，而逻辑时钟的规定就不那么严格了。优化的时钟同步算法就是在保证这些逻辑时钟同步的基础上，使运行的精度还要超过硬件时钟。但是，如果硬件时钟的运行出现故障，同样会引起逻辑时钟的漂移。信息传输时间的变化也会引起对时钟值测量的不确定性。Srikanth 等人在论文[60]中所提出的一个优化的时钟同步算法，能够在没有牺牲时钟同步精度的情况下完成优化的时钟同步。为了达到优化的精度，至少要有一半以上的时钟不会出现故障。他们采用了一个统一的方案来解决时钟同步问题、对所有时钟的初始化问题以及新时钟加入系统的问题。

目前在内部时钟同步领域中，一类著名的算法就是交互收敛算法（Interactive Convergence）[65-67]。其中，单步交互收敛（Unistep Interactive Convergence，UICV）算法定期读取系统中的部分或全部时钟，然后使用一个容错的平均收敛函数来计算时钟的修正值。在大型的分布式系统中，这个过程是很耗时的，所以它在实际应用中受到了一定的限制。这个算法的改进是多步交互收敛（Multistep Interactive Convergence）算法[43,68]。该算法采用分级收敛、分级修正的策略，以提高时钟同步的精度和通信效率。尽管这个算法克服了单步交互收敛算法的一些限制[44]，但是每一次收敛也是非常耗时的，并且收敛的开始时间也很难确定。同时，大量的信息交换也加重了网络负载，并降低了时钟同步的精度。上述两种算法，一般采用部分时钟作为采样时钟。因为在收敛时间值的过程中，如果选用系统中的全部节点，则对网络带宽的需求非常大，容易造成更大的时间延迟，不利于时间基的计算。

最近，文献[69]研究了时变时滞动态网络中时钟振荡器的同步，也有不少学者提出用不同的策略来解决动态网络中的时钟同步问题。一个普遍的方法是洪泛时间同步协议（FTSP）[57]，这种方法把网络建模成一个有根树；另一种方法是参考广播同步（RBS）[70]，在这个算法中，选择一个参考时钟节点来同步簇中其他节点，不同簇中的参考时钟节点一起同步并且被看作转换某个簇和另一个簇中本地时钟节点的通道。然而，RBS方法会面临把动态网络划分成簇并选出一个参考时钟节点的巨大系统开销，而且 RBS 对失效的时钟节点是很敏感的。因此，为了克服 FTSP 和 RBS 的缺点，学者们提出了一种完全分布式的通信拓扑结构，这种结构之中没有特殊的根节点或门节点。一个分布式同步策略的例子就是受萤火虫同步机理启发的后传萤火虫算法（RFA）[71]，但是这种方法没有补偿时钟偏移值。随后 Solis[72] 等人提出了分布式时间同步协议（DTSP），它是一种完全分布式的并能补偿时钟振荡器的偏移和偏差的方法，DTSP 规划出一种分布式的梯度下降最优问题。

1.3 复杂网络同步研究概况

顾名思义，复杂网络就是一类极其复杂的网络[73-109]，其复杂性表现在三个方面：一是节点自身的主体性，每个节点都是具有独立行为的主体，表现出不同的活力和不确定性；二是相互影响的局域性，即网络中节点既影响周围的节点又被周围节点影响，随距离的增大影响而减小；三是拓扑结构的不均匀性，网络中的一些节点会呈现一定的抱团特性。

复杂网络系统的同步作为复杂网络最基本的特征，对其研究是非常重要和有意义的。最近，不同领域的学者研究得出许多实际的复杂网络在弱耦合条件下仍能展示出很强的同步倾向性[110,111]。对全连接的网络结构来说，无论耦合强度多么小，如果网络结构充分大，那么一个全局耦合网络一定可以达到同步。对最近邻耦合结构的网络来说，无论耦合强度多大，如果网络结构充分大，那么一个局部耦合的网络一定不能同步。学者们通过研究进一步发现，网络的拓扑结构和节点的动力学特性是影响复杂网络同步的重要因素。近年来，对复杂网络同步性的研究已经得到了广泛的重视，并取得了一系列令人瞩目的成果。参考文献［112］~［115］指出同步是使系统实现状态一致所采取的动作、策略、方法或过程。但是到目前为止，科学家们很难总结出关于复杂网络同步普遍适用的方法和结论，所以，不同领域的科学家们要从各自的领域出发，相互研究和讨论，不断地在具体应用中得到验证和完善，只有这样做才能对同步理论不断创新和发展。

目前的复杂网络同步研究概况如下。Gade[116]首先研究了在长程连接网络结构中节点的动力学系统为离散系统的同步特性，后来他又与Hu[117,118]合作研究了中程连接和小世界网络的同步现象；Hong等[119]研究了WS小世界网络中的各个特征量对动力学系统同步区域有界时网络同步稳定性的影响；然后汪小帆和陈关荣[120-124]提出了一般复杂动力学网络的模型，并研究了具有小世界和无标度模型的动力学网络和控制问题；Motter、Zhou和Kurths[125]提出一种通过调节耦合强度的方法来降低这种不均匀性，提高复杂网络同步能力的方法。李春光和陈关荣[126]则把汪小帆和陈关荣的模型扩展成为一般带有耦合延时的复杂动力学网络模型，并研究了它的同步问题；Li等人[127]也研究了具有时滞的一般复杂动力学网络的同步；蒋品群等[128]研究了确定性小世界网络的超混沌同步，得出即使单个节点自反馈系统的最大Lyapunov指数大于零，复杂网络也能实现同步，解释了为什么在很弱的耦合强度下有些网络仍表现出了很强的同步能力；李春光等[129,130]则进一步研究了具有延迟耦合的耦合映像格子的同步现象；Atay、Jost和Wende[131]发现时间延迟有助于网络同步，他们也研究了耦合节点间存在延迟对网络同步的影响；Denker等[132]发现增加复杂网络的随机性，而且当网络上的脉冲耦合振子不均匀时，网络的同步状态会失去稳定；Restrepo、Ott和Hunt[133]在研究复杂网络节点不完全相同问题的同步时，某些参数值在利用主稳定性函数的方法下，整个网络会出现不同步的斑图和爆发。

复杂网络同步的定义有很多不同的类别，下面给出的是常用的恒等同步定义[96]。

定义1.3.1 如果将复杂网络的每个节点看作一个动力学系统，那么有边相连的两个节点的动力学系统之间存在着相互的耦合作用，形成了一个动力学网络系统。考虑N个节点的复杂网络，假定$x_i(t, X_0)$ ($i = 1, 2, \cdots, N$)

是复杂网络

$$\dot{x}_i = f(x_i) + g_i(x_1, x_2, \cdots, x_N), \quad i = 1, 2, \cdots, N \quad (1.1)$$

的一个解，其中 $X_0 = ((x_1^0)^T, (x_1^0)^T, \cdots, (x_1^0)^T)^T \in \mathbb{R}^{nN}$，$f: D \to \mathbb{R}^n$ 和 $g_i: D \times \cdots \times D \to \mathbb{R}^n (i = 1, 2, \cdots, N)$ 都是连续可微的，$D \subseteq \mathbb{R}^n$，且满足 $g_i(x_1, x_2, \cdots, x_n) = 0$。若存在一个非空开集 $E \subseteq D$，使得对于任意 $x_i^0 \in E(i = 1, 2, \cdots, N)$ 和 $t \geq 0$，$i = 1, 2, \cdots, N$ 有 $x_i(t, X_0) \in D$ 且

$$\lim_{t \to \infty} \| x_i(t, X_0) - s(t, x_0) \|_2 = 0, \quad i = 1, 2, \cdots, N \quad (1.2)$$

其中，$s(t, x_0)$ 是系统 $\dot{x} = f(x)$ 的一个解且有 $x_0 \in D$，则复杂网络（1.1）能够实现恒等同步且 $E \times \cdots \times E$ 称为复杂网络（1.1）的同步区域。

恒等同步是一类最常见的网络同步现象。简单地说，复杂网络恒等同步是指所有的网络节点都趋近于相同的状态。具体而言，上述定义中的 $s(t, x_0)$ 是复杂网络的同步状态，而 $x_1 = x_2 = \cdots = x_N$ 是复杂网络状态空间中的同步流形。

1.4 时钟同步以及网络同步问题研究的难点

在时钟同步研究方面的难点如下：

（1）网络传输延迟的不确定性使得节点时钟无法准确地得到标准远程时钟的即时时间值。

（2）每个时钟存在着一个漂移率，使得多个时钟即使在同一个标准时间启动，它们也不可能长期保持同步。事实上，影响时钟漂移率的因素有很多，如晶体质量、生产工艺、温度变化、环境变化、老化程度等，因此两个时钟时间的不同也会随着时间流逝而改变。

（3）在分布式网络的时钟同步中，如何保证单个节点具有容错和自适应的能力。即使通信网络发生抖动，甚至通信中断，时钟也能够最大限度地保证正确运行。

（4）通过什么样的方法进一步减少时钟传输过程中的不稳定性。

在网络同步研究方面的难点如下：

（1）在实际网络系统当中，很多复杂网络系统的同步受到时滞的影响。因此研究具有时滞的复杂网络系统是很重要的，而且具有很大的实际应用价值。

（2）虽然目前对于复杂网络的同步已经得到了广泛的研究，但是对于使复杂网络达到同步的控制手段或控制策略的研究需不断加强，特别是要研究复杂网络是否可同步化，因为它决定了实施控制作用的必要性和可行性。

（3）从工程应用的角度来说，涉及分布式控制器的复杂网络同步问题成为当前的一个研究热点。研究具有时变通信拓扑以及通信延迟情况的同步问题是迫切需要的，因此，这类网络的同步性也需要研究。

（4）在复杂网络同步理论不断发展的同时，还需加强其应用研究。在信息领域，可以考虑将同步性用于一些实际工程中。

1.5 本书的结构安排

本书主要研究 IGPS 基站网络间时钟同步即其他网络同步问题，共分为 6 章。

第 1 章为绪论，介绍了本书的研究背景，详细综述了国外和国内对时钟同步的研究现状以及对时钟同步算法的研究现状，同时也概述了复杂网络同步和当前研究存在的问题。同时，提出本书的研究内容和研究意义。

第 2 章给出了本书用到的符号、一些基本概念和重要的引理，这些理论基础在后面几章的理论分析和应用当中起着十分重要的作用。

第 3 章首先介绍了 IGPS 的组成结构以及定位原理，然后分析了 IGPS 与定位误差之间的关系，从数学角度分析了四基站 IGPS 的乘性误差（几何精度系数 GDOP）的最小边界，总结了加性误差因素。通过在三维虚拟区域中对信号接收机和基站站址之间的关系的仿真实验，分析了 IGPS 的定位性能，并总结出影响 IGPS 定位精度的因素。仿真结果表明，在实际中应用 IGPS 定位时应适当减小乘性和加性误差因素，才能提高 IGPS 的定位精确度。

第 4 章主要研究了 IGPS 基站网络的时钟同步问题。首先，提出了与 IGPS 基站时钟参数相结合的一种新的自适应离散卡尔曼滤波方法，该方法利用测量新息和状态修正序列在估计窗内分段静止的特性，克服了传统卡尔曼滤波过程过分依赖于数学模型和统计模型正确性的问题。使用这种方法可以在线实时修正和转换 IGPS 基站间的时钟相位偏差和时钟偏移，找出最佳时钟适应曲线，并估计出过程噪声和测量噪声的协方差矩阵。为了适应快速时钟同步场合的需要，提出了一种基于多智能体一致性理论思想的快速平均同步算法（FASA）来实现处于动态网络中时钟节点之间具有通信延迟的同步问题，并详细地介绍了 FASA 的三个步骤，之后从数学角度给出了此算法的收敛性分析，并通过鲁棒最优设计的方法来证明 FASA 的收敛速率。通过仿真把 FASA 与相类似的算法比较后表明，FASA 在时间上达到了快速一致。在 IGPS 基站上的实验结果验证了这种算法的有效性和正确性。最后，对比这两种时钟同步方法的优缺点和应用的场合。

第 5 章主要针对两种不同类型的节点构成的复杂网络同步问题进行研究。

首先，针对带时滞节点和耦合延迟结构的复杂网络进行自适应同步分析和设计，将自适应同步方法应用到以 M-G 系统为节点构成的环状网络中，设计了自适应控制器，然后利用 Lyapunov 稳定性理论证明了该复杂网络的状态局部或全局地渐近同步在某个独立的节点状态。其次，通过仿真实验来说明所提出的自适应控制器设计方法的有效性。最后，针对具有时变通信延迟和切换拓扑结构、节点是二阶系统的复杂网络，研究了其指数同步问题。我们采用分解变化技术将网络中每个节点的惯性作用合成到控制器的设计中，针对具有任意切换通信拓扑、拓扑图为平衡图且考虑通信延迟的分布式智能体惯性节点网络，给出了实现指数二阶同步控制的充分条件。数值仿真实例进一步解释了理论结果。

第 6 章在总结全书内容的基础上，提出了有待进一步研究的课题。

第2章
基本概念和主要引理

本章给出了本书中用到的一些记号、概念和引理。

2.1 常用记号和特殊矩阵

常用记号：为了表示方便，令 I_n 表示 $n \times n$ 实数单位矩阵；$\mathbb{R}^n$ 表示 n 维欧式空间；$\mathbb{R}_+^n$ 表示 $\mathbb{R}^n$ 的正太定限；$\overline{\mathbb{R}_+^n}$ 表示 $\mathbb{R}^n$ 的非负正太定限；$\mathbb{R}^{n \times m}$ 表示 $n \times m$ 实数矩阵空间；$\mathbf{e} = (1, 1, \cdots, 1)^T$ 表示元素全为1的具有合适维数的列向量；$\mathbf{1}_n$ 表示元素均为1的 n 维列矢量；$\lambda_{\max}(S)$ 和 $\lambda_{\min}(S)$ 分别表示实对称矩阵 S 的最大和最小特征值；$(\cdot)^T$ 表示矩阵的转置；$(\cdot)^D$ 表示矩阵的 Drazin 广义逆；$\|\cdot\|$ 表示 Euclidean 向量范数；$\otimes$ 表示 Kronecker 乘积；连续函数 $V: \mathbb{R} \to \mathbb{R}$ 的 Dini 时间导数定义为 $D^+V = \limsup_{h \to 0^+} \dfrac{V(t+h) - V(t)}{h}$；假设 S 是方阵的话，则 $\mathrm{diag}(S)$ 是与同阶的、具有相同对角元素的对角阵；$\rho(S)$ 表示方阵 S 的谱半径；$\prod_{i=1}^k S_i = S_k S_{k-1} \cdots S_1$ 表示矩阵的左乘积；令 $\mathbb{C}([-\tau, 0], \mathbb{R}^{nm})$ 表示由 $[-\tau, 0]$ 映入 $\mathbb{R}^{nm}$，且具有一致范数的连续函数构成的 Banach 空间。

特殊矩阵：如果方阵 S 的每一行每一列有且仅有一个元素等于1，所有其他元素全为0，则称 S 为置换矩阵；一个 $n \times n$ 矩阵称为可约矩阵，如果它满足下面的一条：

(1) $n = 1$ 且 $S = 0$；

(2) $n \geq 2$，存在一个置换矩阵 P，并且存在整数 m，$1 \leq m \leq n-1$，使得

$$P^T S P = \begin{bmatrix} B & C \\ 0 & D \end{bmatrix}$$

式中：$B \in \mathbb{R}^{m \times m}$，$D \in \mathbb{R}^{(n-m) \times (n-m)}$；方阵 S 如果不是可约矩阵则称为不可

约矩阵，如果矩阵 S 的元素为不小于 0 的实数，则 S 称为非负矩阵，如果其元素全为正数，则称为正矩阵，分别记以上非负矩阵和正矩阵为 $S \geq 0$ 和 $S > 0$，并且记 $S - Q \geq 0$ 和 $S - Q > 0$ 分别为 $S \geq Q$ 和 $S > Q$。

2.2 图记的基本概念

在本书中，将节点之间的通信拓扑建模成有向图的形式，下面简要地介绍图的基本概念。

有向图（directed graph）$\mathcal{G} = (\mathcal{V}(\mathcal{G}), \mathcal{E}(\mathcal{G}))$ 是由顶点集 $\mathcal{V}(\mathcal{G}) = \{v_i, i \in 1, 2, \cdots, n\}$ 和边集 $\mathcal{E}(\mathcal{G}) \subset \{(v_i, v_j): i, j \in 1, 2, \cdots, n\}$ 组成。诸如 (v_i, v_i) 的边称为自环。如果 (v_i, v_j) 是有向图 $\mathcal{G}$ 的一条边，则 v_i 定义为这条边或顶点 v_j 的父顶点，相反地，v_j 定义为这条边或顶点 v_i 的子顶点。顶点 v_i 在有向图 $\mathcal{G}$ 中的邻居集合定义为 $\aleph(\mathcal{G}, v_i) = \{v_j: (v_j, v_i) \in \mathcal{E}(\mathcal{G}), j \neq i\}$，相应的指标集记为 $\aleph(\mathcal{G}, i) = \{j: v_j \in \aleph(\mathcal{G}, i)\}$。有向图 $\mathcal{G}$ 的一条路径（path）是一个有限的顶点序列，$v_{i_1}, \cdots, v_{i_k}$ 满足 $(v_{i_s}, v_{i_{s+1}}) \in \mathcal{E}(\mathcal{G})$，$s = 1, 2, \cdots, k - 1$。如果 $i_1 = i_k$，则称此路径为环。如果对于任意两个不同顶点 v_i、v_j，都存在路径起始于 v_i 终于 v_j，则称有向图 $\mathcal{G}$ 是强连通（strongly connected）的。有向图 $\mathcal{G}$ 的一条弱路径（weak path）也是一个有限的顶点序列，$v_{i_1}, \cdots, v_{i_k}$ 满足对于任意 $s = 1, 2, \cdots, k - 1$，$(v_{i_s}, v_{i_{s+1}}) \in \mathcal{E}(\mathcal{G})$ 或 $(v_{i_{s+1}}, v_{i_s}) \in \mathcal{E}(\mathcal{G})$。如果对于任意两个不同顶点 v_i、v_j，都存在弱路径，起始于 v_i 终于 v_j，则称有向图 $\mathcal{G}$ 是弱连通（weakly connected）的。下面给出有向树的定义，有向树（directed tree）是一类特殊的有向图，满足性质：

(1) 具有一个没有父顶点的特殊节点 [称其为根顶点（root）]。
(2) 所有其他顶点有且仅有一个父顶点。
(3) 根顶点可以通过路径连接到其他任何顶点。

如果有向图 $\mathcal{G}_s$ 满足性质 $\mathcal{V}(\mathcal{G}_s) \subset \mathcal{V}(\mathcal{G})$ 和 $\mathcal{E}(\mathcal{G}_s) \subset \mathcal{E}(\mathcal{G})$，则称 $\mathcal{G}_s$ 为 $\mathcal{G}$ 的一个子图（subgraph）。对于子图 $\mathcal{G}_s$，如果 $\mathcal{V}(\mathcal{G}_s) = \mathcal{V}(\mathcal{G})$，则 $\mathcal{G}_s$ 称为生成子图（spanning subgraph）；如果对于任何 $v_i, v_j \in \mathcal{V}(\mathcal{G}_s)$ 都有 $(v_i, v_j) \in \mathcal{E}(\mathcal{G}_s) \Leftrightarrow (v_i, v_j) \in \mathcal{E}(\mathcal{G})$，则 $\mathcal{G}_s$ 称为诱导子图（induced subgraph），我们也称 $\mathcal{G}_s$ 是由顶点集 $\mathcal{V}(\mathcal{G}_s)$ 诱导的。有向图 $\mathcal{G}$ 的一个生成树（spanning tree）是一个有向树，并且是有向图 $\mathcal{G}$ 的生成子图。如果有向图的顶点集和某个边子集构成一个生成树，则称此有向图具有生成树。

加权有向图（weighted directed graph）$\mathcal{G}(A)$ 由一个有向图 $\mathcal{G}$ 和一个非负矩阵 $A = [a_{ij}] \in \mathbb{R}^{n \times n}$ 组成，满足 $(v_i, v_j) \in \mathcal{G} \Leftrightarrow a_{ji} > 0$。矩阵 A 称为权矩阵，

a_{ij} 称为边 (v_j, v_i) 的权或权重（weight）。如果 $(v_i, v_j) \in \mathcal{E}(\mathcal{G})$ 蕴含着 $(v_j, v_i) \in \mathcal{E}(\mathcal{G})$，则称图 $\mathcal{G}$ 是无向的（undirected）；如果 $A^T = A$，则称 $\mathcal{G}(A)$ 是加权无向的。作为一类特殊的有向图，如果无向图是强连通的，则称其为连通的（connected）。下面的引理描述了有向图与权矩阵之间的关系。

引理 2.2.1[134]　如果 A 为非负方阵，那么 A 是不可约的，当且仅当 $\mathcal{G}(A)$ 是强连通的。

2.3　图的 Laplacian 矩阵

图的 Laplacian 矩阵是代数图论中的一个重要研究对象，它在某种程度上反映了图的连通度。

定义 2.3.1（Laplacian 矩阵）　加权有向图 $\mathcal{G}(A)$ 的 Laplacian 矩阵 $L(A) = [l_{ij}]$ 定义为

$$l_{ij} = \begin{cases} \sum_{k=1,\, k\neq i}^{n} a_{ik}, & i = j \\ -a_{ij}, & i \neq j \end{cases}$$

以下的引理总结了 Laplacian 矩阵的基本性质。

引理 2.3.1[114]

(1) 0 是 $L(A)$ 的特征值，1 是相应的特征向量。

(2) 如果 $\mathcal{G}(A)$ 具有生成树，则 0 是代数简单的，所有其他特征值具有正实部。

(3) 如果 $\mathcal{G}(A)$ 具强连通的，则存在一个正向量 $\eta \in \mathbb{R}^n$ 满足 $\eta^T L(A) = 0$。

进一步地，如果 $\mathcal{G}(A)$ 是无向的，即 $A^T = A$，则具有下列性质：

(4) 对于任意的 $\xi = [\xi_1, \xi_2, \cdots, \xi_n]^T \in \mathbb{R}^n$，有

$$\xi^T L(A) \xi = \frac{1}{2} \sum_{i,j=1}^{n} a_{ij} (\xi_j - \xi_i)^2$$

从而 $L(A)$ 是半正定的，$L(A)$ 的所有特征值都是非负实数。

(5) 用 $\lambda_1(L(A)), \lambda_2(L(A)), \cdots, \lambda_n(L(A))$ 升序表示 $L(A)$ 的所有特征值，则 $\lambda_1(L(A)) = 0$，$\lambda_2(L(A)) > 0$。$L(A)$ 的第二最小特征值，即 $\lambda_2(L(A))$ 称为图 $\mathcal{G}(A)$ 的代数连通度（algebraic connectivity）。

2.4　主要引理

下面简单地总结一些常用的引理。

引理 2.4.1[135]　任意的 $\omega, \zeta \in \mathbb{R}^n$, $\rho > 0$，有 $2\omega^T \zeta \leq \rho \omega^T \omega + \dfrac{1}{\rho} \zeta^T \zeta$ 成立。

引理 2.4.2[136]　令 $\chi(t) > 0 (t \in \mathbb{R})$，$\tau(t) \in [0, \infty)$，$t_0 \in \mathbb{R}$。假设

$$D^+ \chi(t) \leq -a\chi(t) + c(\sup_{t-\tau(t) \leq s \leq t} \chi(s)), \quad \forall t > t_0$$

如果 $a > c > 0$，那么

$$\chi(t) \leq \sup_{-\tau(t) \leq s \leq 0} \chi(t_0 + s) e^{-\theta(t-t_0)}, \quad \forall t > t_0$$

其中 $0 < \theta < a$ 由方程 $\theta - a + ce^{\theta \tau(t)} = 0$ 确定。

第 3 章
IGPS定位精确度研究

3.1 引言

近年来，定位信息和定位技术变得越来越重要，目前有各种不同的关于定位技术的方法，例如，GPS[137]、GLONASS[138]、Galileo[139]以及A-GPS[140]等。然而，当采用以上的定位方法进行目标定位时，会遇到接收信号不好或信号被关闭的情况，此时这些定位方法将失效。因此，作为以上定位方法的一种补充和备份，我们可以建立倒GPS（IGPS：Inverse GPS）来实现快速目标的定位。IGPS基本思想是将GPS的导航原理反过来应用，即将GPS星上的导航设备设置在地面上，导航的用户改为地面定位基站，采用的测距原理不变。因此我们可以借助目前GPS的很多关键技术来解决IGPS中的很多问题。

相比其他定位系统，IGPS有自己的独特优势：

(1) 对各基站的发射功率要求可以减小，实现起来比较容易。

(2) 因为定位基站在地面上，所以各地面基站站址位置更容易精确测得，而且各地面基站是静止的，通过适当选取基站位置有利于降低定位误差的因素。

(3) 各地面基站间的时钟同步部分主要在地面，可以自己设计到较高的同步精度。

但是IGPS的弱点是不能实现全球的连续导航定位功能，只能实现局域导航定位，会受到仰角限制等。

由于现有的一些关于IGPS定位精确度的实验和结果很少被研究[141]，因此本书用于短距离目标定位的IGPS的定位精确度是未知的。为此，本章详细分析了一种短距离目标定位系统——倒转GPS（IGPS）的定位原理及其定位精确度。为阐明IGPS在实际运用中遇到的问题，本章讨论影响定位精确度的乘性和加性误差因素，主要研究了IGPS与定位误差的关系以及四基站IGPS

的乘性误差（几何精度系数 GDOP）的最小边界。通过在三维虚拟区域中对信号接收机和基站站址之间关系的仿真实验，分析了 IGPS 的定位性能，并总结出影响 IGPS 定位精度的因素。

3.2 IGPS 组成结构及其定位原理

IGPS 是一种设备简单且易于多地点分布基站的定位系统，它对一些快速运动的目标以及在任何卫星信号无效的地方，可以取代 GPS 进行导航定位，很多学者对其做出了有价值的研究工作[142,143]，其组成结构如图 3.1 所示。

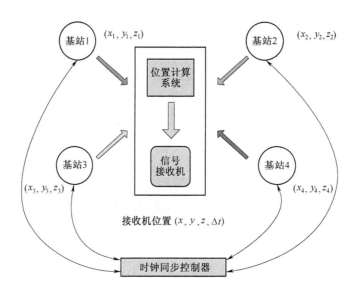

图 3.1 IGPS 组成结构图

3.2.1 IGPS 组成结构

IGPS 一般由四个 IGPS 基站、一个信号接收机、位置计算子系统以及一个时钟同步控制器组成[143]。

（1）四个 IGPS 基站主要完成向空间发射测距编码，空中接收机不断检测各微波发射器的信号，通过信号的相位延迟，分别确定目标接收机与四个发射基站的距离。每个 IGPS 基站中都装有相同的时钟振荡器，其秒稳定度达到 10^{-9}，虽然说每个时钟的精度很高，但是随着时间的流逝会产生漂移误差。发射机发射的信号在空间中各个方向均有信号。发射基站的最大发射距离为 20km。

（2）空中的信号接收机接收来自四个地面基站发送的伪码测距信号，

完成测距码的接收解调和解码，每一种调制方式都有与其相对应的解调方式。

（3）位置计算系统的作用就是要根据接收到的伪码测距信号解算出目标的实际位置，从而达到定位的目的。其中，数据处理模块作为整个系统的核心，根据设计的算法处理采集到的数据，完成一些必要的通信。信号处理单元主要包括数字中频信号处理模块和数据存储模块两部分。其中，数字中频信号处理模块是整个接收机的核心部分，主要功能是产生信号的基准伪随机码并进行相关，产生累加数据，跟踪各信号的码和载波，从基站的伪随机噪声码中提取码相位（伪距）测量值，从 IGPS 基站信号的载波中提取载波频率（伪距速率）和载波相位（伪距增量）测量值，解调出目标定位数据。

（4）时钟同步控制器的作用就是要通过设计出时钟同步算法保证四个地面基站的时钟信号保持在同一时刻并且要保证伪码测距信号的初始时刻同步。由于每个 IGPS 基站内部都装有高精度的时钟振荡器，且这些时钟振荡器都安放在地面上，文献［144］总结出 IGPS 的定时和频率精度都优于 GPS，更有利于降低定位的误差。基站间时钟同步的精度大小，会间接影响到整个系统的定位精度，所以时钟同步控制器的作用是非常重要的。本书基于 IGPS 基站网络来研究，IGPS 基站网络是由各地面基站所组成的，其组成结构图如图 3.2 所示。基站之间的连接是用有线的方式，不可避免的是由于每个基站相差的距离较远会带来通信的误差。

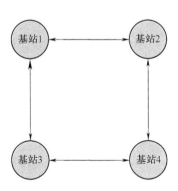

图 3.2 IGPS 基站网络组成

3.2.2 IGPS 定位原理

IGPS 的定位几何原理如图 3.3 所示。

根据图 3.3 可得出信号接收机的位置由以下方程组确定：

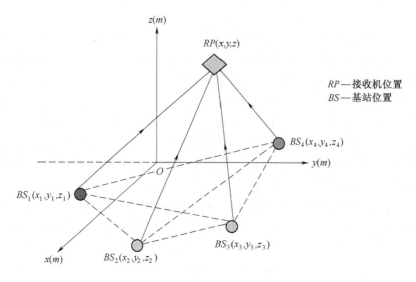

图 3.3 IGPS 定位几何原理

$$\begin{cases} \sqrt{(x-x_1)^2+(y-y_1)^2+(z-z_1)^2}=c(\tau_1+\Delta t) \\ \sqrt{(x-x_2)^2+(y-y_2)^2+(z-z_2)^2}=c(\tau_2+\Delta t) \\ \sqrt{(x-x_3)^2+(y-y_3)^2+(z-z_3)^2}=c(\tau_3+\Delta t) \\ \sqrt{(x-x_4)^2+(y-y_4)^2+(z-z_4)^2}=c(\tau_4+\Delta t) \end{cases} \quad (3.1)$$

式中：x、y、z 和 Δt 是未知量；c 是光速；Δt 是每个地面发射基站和信号接收机时钟的偏差值，由于每个 IGPS 基站和信号接收机里面的时钟偏差是确定的，因此 Δt 是一个已知的常数；τ_i 是第 i 个 IGPS 基站发送伪码测距信号和信号接收机接收到伪码测距信号时的时间差，由于每个 IGPS 基站的位置到目标接收机的距离是不同的，因此 τ_i 是个变量，其中 $i = 1, 2, 3, 4$。

由于这个方程组中含有四个未知的变量 $\tau_i (i = 1, 2, 3, 4)$，因此至少需要四个方程才可以确定 τ_i 值，进而计算出空间目标的具体位置 (x, y, z)。其伪码测距方程为

$$\rho_j = \sqrt{(x-x_j)^2+(y-y_j)^2+(z-z_j)^2}+c\Delta t, \quad j=1, 2, 3, 4 \quad (3.2)$$

3.3 IGPS 定位精确度研究

影响 IGPS 定位精确度的因素可分为两类：一类是乘性误差因素；另一类

是加性误差因素。乘性误差因素是误差因素中的主要方面[146]，它一般由 GDOP 值来描述，GDOP 的大小可以直接反映出定位性能的好坏，它表示测量误差与位置决定误差之间的关系[145]。加性误差因素主要是由各种系统的偏差组成。通常来说，最后的定位精度计算是由乘性误差和加性误差乘积表示的。

3.3.1 IGPS 乘性误差 GDOP 最小边界

我们可以借鉴 GPS 中对 GDOP 的分析方法[146]来分析此套 IGPS 乘性误差因素 GDOP 的最小边界。GDOP 是影响 IGPS 定位精度的主要乘性误差因素，如果所有测量使用的单位和所有位置单位相同，它就是一个无因次的数值[143]。通过使用 Taylor 展开式把式（3.2）在目标的估计值处 $(\hat{x}, \hat{y}, \hat{z})$ 展开并忽略高阶项的影响，且定义 $\hat{\rho}_j$ 为 ρ_j 在 $(\hat{x}, \hat{y}, \hat{z})$ 处的估计值大小，那么可以得到

$$\Delta \rho_j = \rho_j - \hat{\rho}_j = \alpha_{x_j} \Delta x + \alpha_{y_j} \Delta y + \alpha_{z_j} \Delta z + c\mathrm{d}t \tag{3.3}$$

其中
$$\Delta \omega = \omega - \hat{\omega}, \quad \omega = x, y, z$$

$$\alpha_{\omega_j} = \frac{\hat{\omega} - \omega_j}{\sqrt{(x_j - \hat{x})^2 + (y_j - \hat{y})^2 + (z_j - \hat{z})^2}}, \quad \omega = x, y, z \tag{3.4}$$

将式（3.3）写成矩阵的形式为

$$\Delta \rho = \begin{pmatrix} \Delta \rho_1 \\ \Delta \rho_2 \\ \Delta \rho_3 \\ \Delta \rho_4 \end{pmatrix} \approx \begin{pmatrix} \alpha_{x_1} & \alpha_{y_1} & \alpha_{z_1} & 1 \\ \alpha_{x_2} & \alpha_{y_2} & \alpha_{z_2} & 1 \\ \alpha_{x_3} & \alpha_{y_3} & \alpha_{z_3} & 1 \\ \alpha_{x_4} & \alpha_{y_4} & \alpha_{z_4} & 1 \end{pmatrix} \begin{pmatrix} \Delta x \\ \Delta y \\ \Delta z \\ c\mathrm{d}t \end{pmatrix} \tag{3.5}$$

或者
$$\Delta \rho \approx H \Delta v \tag{3.6}$$

其中，矩阵 H 通常是 $n \times 4$ 维的，伪距误差通常看作 $\mathrm{d}v$ 和 $\mathrm{d}\rho$。随机变量相关函数表达如下：

$$\mathrm{d}\rho = H\mathrm{d}v + e \tag{3.7}$$

式中：e 是误差向量。通常情况下 $E[e] = 0$。式（3.7）可以由最小均方误差 $\|e\|_2^2$ 来确定。对于一般 $n \geq 4$ 情况[147]，最小均方解由下式给出：

$$\mathrm{d}v = H^- \mathrm{d}\rho \tag{3.8}$$

式中：H^- 是伪逆阵，定义如下：

$$H^- = (H^\mathrm{T} H)^{-1} H^\mathrm{T} \tag{3.9}$$

如果 $\mathrm{cov}(\mathrm{d}\rho)$ 不是单位矩阵的常数倍，那么这个最小均方解不是最优解[148]，并且如果此时加权矩阵取为测量误差协方差矩阵逆，加权最小均方解比较好。

向量 dv 的协方差如下：

$$\text{cov}(\mathrm{d}v) = E[\mathrm{d}v\mathrm{d}v^\text{T}] = E[H^-(\mathrm{d}\rho\mathrm{d}\rho^\text{T})(H^-)^\text{T}] = H^- \text{cov}(\mathrm{d}\rho)(H^-)^\text{T}$$
(3.10)

向量 dρ 的协方差可表示为

$$\text{cov}(\mathrm{d}\rho) = K_n \sigma_\text{rere}^2 \quad (3.11)$$

式中：σ_rere^2 是一个对称正定矩阵，表示信号接收机的等效距离零均值误差协方差。令

$$\text{cov}(\mathrm{d}v) = \begin{pmatrix} \sigma_x^2 & \cdot & \cdot & \cdot \\ \cdot & \sigma_y^2 & \cdot & \cdot \\ \cdot & \cdot & \sigma_z^2 & \cdot \\ \cdot & \cdot & \cdot & \sigma_\text{cdt}^2 \end{pmatrix} \quad (3.12)$$

其中，副对角线项的值在以下的讨论中无关紧要。那么，GDOP 可有由下式给出：

$$GDOP = \frac{\sqrt{\sigma_x^2 + \sigma_y^2 + \sigma_z^2 + \sigma_\text{cdt}^2}}{\sigma_\text{rere}} \quad (3.13)$$

考虑式（3.11）的一个理想情况，即

$$\text{cov}(\mathrm{d}\rho) = I_n \sigma_\text{rere}^2 \quad (3.14)$$

其中 I_n 表示 $n \times n$ 单位矩阵。当 $n \geq 4$ 时，有

$$\text{cov}(\mathrm{d}v) = (H^\text{T}H)^{-1} H^\text{T} H (H^\text{T}H)^{-1} I_n \sigma_\text{rere}^2 = (H^\text{T}H)^{-1} \sigma_\text{rere}^2 \quad (3.15)$$

令

$$B = \text{diag}(H^\text{T}H)^{-1} = \text{diag}(b_{11}, b_{22}, b_{33}, b_{44}) \quad (3.16)$$

那么对于 GDOP 适合的公式为

$$GDOP = \sqrt{b_{11} + b_{22} + b_{33} + b_{44}} = \sqrt{\text{Tr}(H^\text{T}H)^{-1}} \quad (3.17)$$

以四个 IGPS 基站为例：

$$H_i = (\alpha_x \quad \alpha_y \quad \alpha_z \quad 1) \quad (3.18)$$

式中：a_x、a_y 和 a_z 是第 i 个基站线性化点的单位向量，$i = 1, 2, 3, 4$。从式（3.17）可知，GDOP 可从 $(H^\text{T}H)^{-1}$ 的迹中获得。令

$$A = (H^\text{T}H) = \begin{pmatrix} \alpha_{x_1} & \alpha_{x_2} & \alpha_{x_3} & \alpha_{x_4} \\ \alpha_{y_1} & \alpha_{y_2} & \alpha_{y_3} & \alpha_{y_4} \\ \alpha_{z_1} & \alpha_{z_2} & \alpha_{z_3} & \alpha_{z_4} \\ 1 & 1 & 1 & 1 \end{pmatrix} \begin{pmatrix} \alpha_{x_1} & \alpha_{y_1} & \alpha_{z_1} & 1 \\ \alpha_{x_2} & \alpha_{y_2} & \alpha_{z_2} & 1 \\ \alpha_{x_3} & \alpha_{y_3} & \alpha_{z_3} & 1 \\ \alpha_{x_4} & \alpha_{y_4} & \alpha_{z_4} & 1 \end{pmatrix}$$

$$= \begin{pmatrix} \sum_{i=1}^{4} \alpha_{x_i}^2 & \cdot & \cdot & \cdot \\ \cdot & \sum_{i=1}^{4} \alpha_{y_i}^2 & \cdot & \cdot \\ \cdot & \cdot & \sum_{i=1}^{4} \alpha_{z_i}^2 & \cdot \\ \cdot & \cdot & \cdot & 4 \end{pmatrix} = \begin{pmatrix} \alpha_{11} & \cdot & \cdot & \cdot \\ \cdot & \alpha_{22} & \cdot & \cdot \\ \cdot & \cdot & \alpha_{33} & \cdot \\ \cdot & \cdot & \cdot & \alpha_{44} \end{pmatrix} \quad (3.19)$$

在方程（3.19）中，α_{x_i}，α_{y_i}，α_{z_i} 表示方向余弦，参照文献［149］中的定理：令 A 表示一个对称正定矩阵，并且令 $B = A^{-1}$。矩阵 A 和矩阵 B 的对角元素分别是 $\{a_{ii}\}$ 和 $\{b_{ii}\}$，满足不等式 $a_{ii}b_{ii} \geq 1$，根据这个定理我们可进一步得到：

$$GDOP = \sqrt{b_{11} + b_{22} + b_{33} + b_{44}} \quad (3.20)$$

并且

$$GDOP \geq \sqrt{\frac{1}{\alpha_{11}} + \frac{1}{\alpha_{22}} + \frac{1}{\alpha_{33}} + \frac{1}{\alpha_{44}}} \quad (3.21)$$

从式（3.21）可知，$\{a_{ii}\}$ 是方向余弦。边界值需要知道方向余弦的信息。如果 H 和 H^T 对于四个 IGPS 基站来说是非退化的，那么有下式成立：

$$(H^T H)^{-1} = H^{-1} (H^T)^{-1} \quad (3.22)$$

根据文献［145］中所讨论的内容，由式（3.22）可得

$$\text{Trace}(HH^T)^{-1} = \text{Trace}(H^T H)^{-1} \quad (3.23)$$

那么有

$$HH^T = \begin{pmatrix} \alpha_{x_1} & \alpha_{y_1} & \alpha_{z_1} & 1 \\ \alpha_{x_2} & \alpha_{y_2} & \alpha_{z_2} & 1 \\ \alpha_{x_3} & \alpha_{y_3} & \alpha_{z_3} & 1 \\ \alpha_{x_4} & \alpha_{y_4} & \alpha_{z_4} & 1 \end{pmatrix} \begin{pmatrix} \alpha_{x_1} & \alpha_{x_2} & \alpha_{x_3} & \alpha_{x_4} \\ \alpha_{y_1} & \alpha_{y_2} & \alpha_{y_3} & \alpha_{y_4} \\ \alpha_{z_1} & \alpha_{z_2} & \alpha_{z_3} & \alpha_{z_4} \\ 1 & 1 & 1 & 1 \end{pmatrix} = \begin{pmatrix} 2 & \cdot & \cdot & \cdot \\ \cdot & 2 & \cdot & \cdot \\ \cdot & \cdot & 2 & \cdot \\ \cdot & \cdot & \cdot & 2 \end{pmatrix} \quad (3.24)$$

令

$$(HH^T)^{-1} = \begin{pmatrix} s_{11} & \cdot & \cdot & \cdot \\ \cdot & s_{22} & \cdot & \cdot \\ \cdot & \cdot & s_{33} & \cdot \\ \cdot & \cdot & \cdot & s_{44} \end{pmatrix} \quad (3.25)$$

再根据文献［145］中定理 2 可得

$$s_{ii} \geq \frac{1}{2}, \quad i = 1, 2, 3, 4 \quad (3.26)$$

我们从式（3.23）得出 $GDOP \geq \sqrt{2}$，即在任何情况下，四基站的 $GDOP$ 边界值最小为 $\sqrt{2}$，并且 $GDOP$ 值越接近 $\sqrt{2}$，在 IGPS 实际应用中定位精度的影响越小。我们也可以很容易地推断出 IGPS 基站数目越多，$GDOP$ 值越接近 $\sqrt{2}$。

3.3.2 IGPS 加性误差因素

加性误差因素对 IGPS 定位精度影响也是同样重要的，其主要组成部分如下：

（1）时钟同步误差。时钟同步控制器是在各 IGPS 基站之间的关键中间设备。时钟同步误差对定位精度有很大的影响，不同 IGPS 基站之间的时钟同步精度应该足够小。

（2）基站位置误差。基站位置误差也是一个主要的误差因素来源。如果四个基站在同一个平面，式（3.1）的解会变得不确定[148]。从式（3.1）也可以看出，各个基站的坐标值会影响到最终目标定位的结果，所以提高基站位置的精确度也是很重要的因素。

（3）距离误差。系统距离误差是由接收机中的时间误差和发射站之间的延迟组成，正如文献[150]提到的，接收机中的时间误差主要由于接收机单元中延迟锁相环的相位抖动。这个时间误差转化成距离误差是几米左右，这也是随机误差的主要来源。发射站之间的延迟主要是由于 IGPS 基站设备通信造成，这个延迟转化成距离误差也可能是几米。

（4）空气延迟误差。空气延迟是由于传输路径中存在的电子因素造成的，电子的密度会随着太阳的活动变化，大概在每平方米 $10^{16} \sim 10^{18}$ 之间变化。

3.4 仿真实验

以下的仿真实验主要在三维虚拟区域中进行，主要考虑 IGPS 基站位置与信号接收机位置发生变化时对 IGPS 的定位精确度的影响。

（1）基站站址坐标固定，信号接收机高度变化情形。

在这种情形时，我们首先选择如表 3.1 所示的一组基站坐标值。

表 3.1 各 IGPS 基站站址坐标值

基站位置/m	基站 1	基站 2	基站 3	基站 4
(x, y, z)	(−100, −100, 0)	(−100, 100, 300)	(100, 100, 0)	(100, −100, 300)

其次，我们分析信号接收机高度变化对 IGPS 定位精确度带来的影响，如表 3.2 所示。其中目标接收机 z 轴高度在 100m、500m、3000m、8000m，$x \in [-100\text{m}, 100\text{m}]$，$y \in [-100\text{m}, 100\text{m}]$ 时 $GDOP$ 的分布图和等高线图如图 3.4 所示。

第3章 IGPS定位精确度研究

表3.2 接收机位置变化时定位误差和 GDOP 结果

目标接收机位置/m	误差/m				GDOP/m
	x 轴误差	y 轴误差	z 轴误差	定位误差	
$(x, y, 100)$	0.15	-0.10	0.35	0.39	1.68
$(x, y, 500)$	-0.26	0.15	0.64	0.71	1.96
$(x, y, 3000)$	0.94	0.85	1.75	2.16	2.13
$(x, y, 8000)$	1.80	-1.30	2.75	3.53	2.24

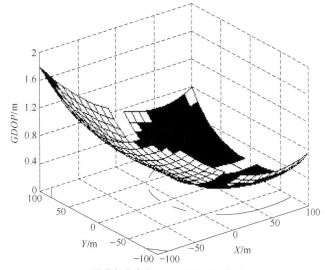

(a) 接收机高度为100m时GDOP分布图

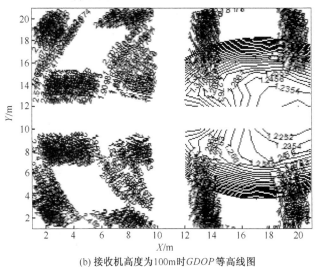

(b) 接收机高度为100m时GDOP等高线图

图3.4 信号接收机位置变化时 GDOP 变化情况（一）

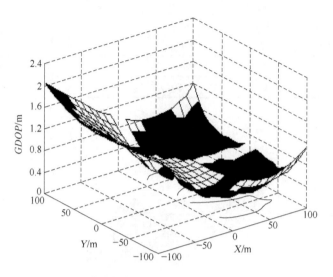

(c) 接收机高度为500m时 GDOP 分布图

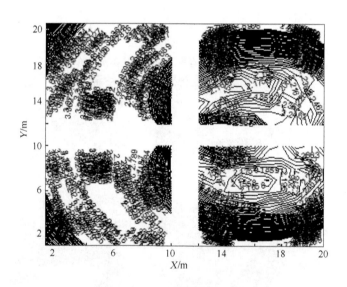

(d) 接收机高度为500m时 GDOP 等高线图

图 3.4 信号接收机位置变化时 GDOP 变化情况（二）

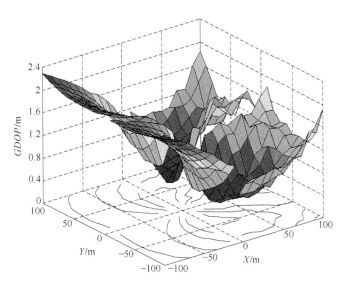

(e) 接收机高度为3000m时GDOP分布图

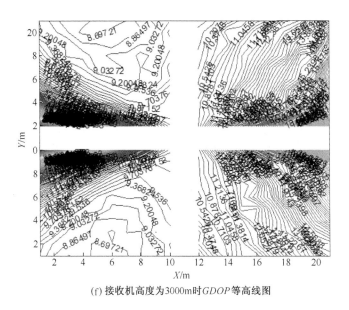

(f) 接收机高度为3000m时GDOP等高线图

图 3.4　信号接收机位置变化时 GDOP 变化情况（三）

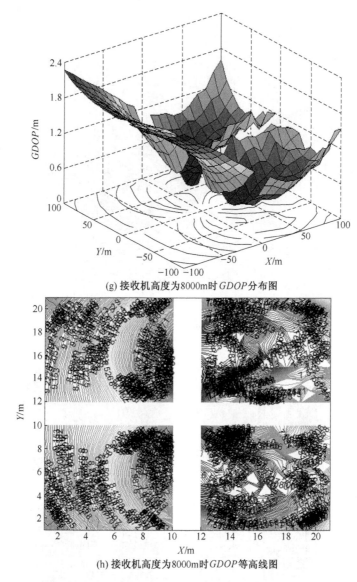

(g) 接收机高度为8000m时 GDOP 分布图

(h) 接收机高度为8000m时 GDOP 等高线图

图 3.4 信号接收机位置变化时 GDOP 变化情况（四）

通过以上仿真，我们可以得出以下的结论：
1) 定位误差和 GDOP 值将会随着信号接收机高度的增加而增大。
2) 信号接收机位置的 z 轴误差比 x 轴和 y 轴误差大。
（2）信号接收机高度不变，各 IGPS 基站坐标位置变化情形。

在此研究如表 3.3 所示基站位置相对变化，信号接收机坐标值为（100m，100m，500m）时 GDOP 的分布情况，其仿真结果如图 3.5 所示。

表 3.3 基站位置变化表

基站位置/m	基站 1	基站 2	基站 3	基站 4
① (x, y, z)	$(-100, -100, 0)$	$(-100, 100, 300)$	$(100, 100, 0)$	$(100, -100, 300)$
② (x, y, z)	$(-100, -100, 100)$	$(-100, -100, 0)$	$(-100, -100, 100)$	$(-100, -100, 0)$
③ (x, y, z)	$(-100, -100, 300)$	$(-100, -100, 100)$	$(-100, -100, 300)$	$(-100, -100, 100)$

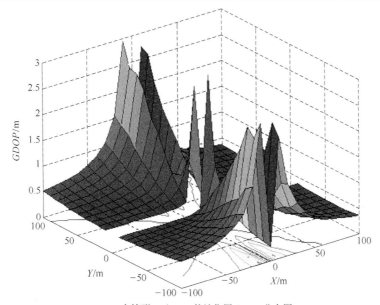

(a) 在情形①时IGPS基站位置 $GDOP$ 分布图

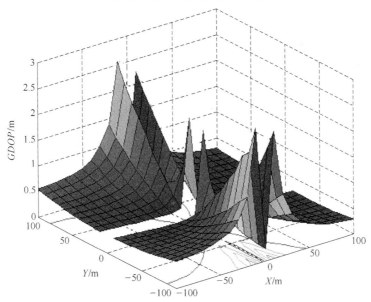

(b) 在情形②时IGPS基站位置 $GDOP$ 分布图

图 3.5 IGPS 基站位置变化时 $GDOP$ 变化情况（一）

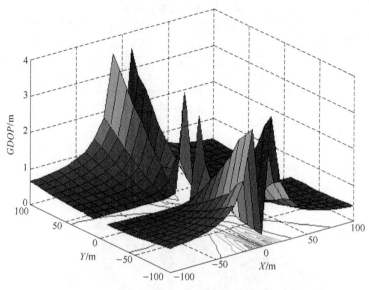

(c) 在情形③时IGPS基站位置 $GDOP$ 分布图

图 3.5　IGPS 基站位置变化时 $GDOP$ 变化情况（二）

通过仿真实验得出各 IGPS 基站站址位置变化时会影响到 $GDOP$ 的改变，并且间接影响定位精度。

（3）信号接收机高度不变，且信号接收机位置落在基站区域内或区域外的情形。

在此考虑了 IGPS 基站站址坐标范围变化时对同一信号接收机的定位情况，具体的示意图如图 3.6 所示。

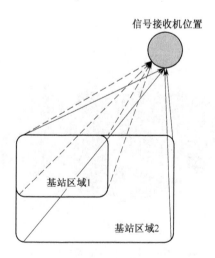

图 3.6　信号接收机位置在不同 IGPS 基站坐标区域内的情形

当基站区域 1 覆盖面积为 40000m², 基站区域 2 覆盖面积为 90000m² 时, 且信号接收机 z 轴高度不变, 并且投影区域在 $x \in [-300\text{m}, 300\text{m}]$, $y \in [-300\text{m}, 300\text{m}]$ 内变化时 GDOP 的变化情况, 仿真结果如图 3.7 所示。

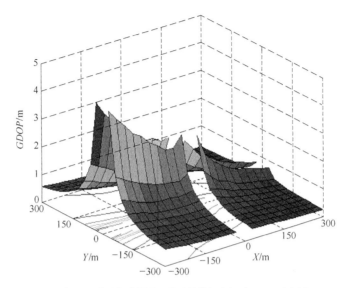

(a) 在基站1的坐标范围内对信号接收机定位时 GDOP 分布图

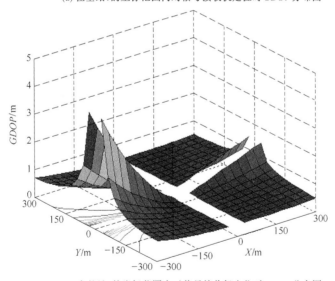

(b) 在基站2的坐标范围内对信号接收机定位时 GDOP 分布图

图 3.7 在不同 IGPS 基站范围对同一信号接收机定位时的 GDOP 变化情况

通过仿真实验得出对同一信号接收机定位时, 当信号接收机在基站面积区域外的定位精度要比在基站面积区域内的定位精度小。

（4）当基站间通信存在的时间延迟如图 3.8 所示时，用伪码测距方法测得的带延迟情形和不带延迟情形的曲线如图 3.9 所示。

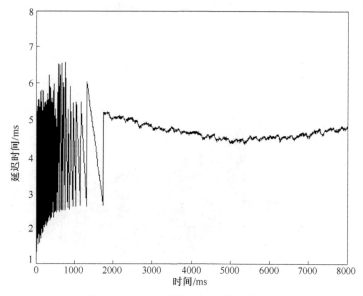

图 3.8 IGPS 基站间延迟变化曲线图

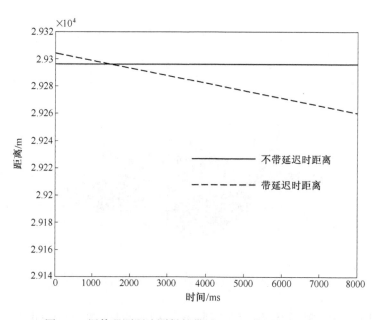

图 3.9 用伪码测距法测得的带延迟和不带延迟时曲线图

由于此系统实际应用时目标在距离基站 10km 的范围内，在理想的情况下，每个基站之间的时钟同步精度为 10ns，换算成距离误差是 3m，从文献

[151]中可知，基站位置引起的定位误差不小于10cm；由接收机内时间抖动引起的距离误差是3m[145]；由大气延迟引起的误差是1.8m，我们取在实际应用中 $GDOP$ 的平均值约为2。因此，根据表3.4中所列的误差值可以计算出这套IGPS基站系统的定位精度至多为9.2m。

表 3.4 误差因素及 IGPS 的定位误差

误 差 因 素	定位误差/m
时钟同步误差	3.0
站址位置误差	0.1
距离误差	3.0
空气延迟误差	1.8
总　计	4.6

3.5　本章小结

本章主要分析了一种适用于短距离目标定位的IGPS的结构组成、定位原理以及定位精确度的分析。这套定位系统适合于对航区飞行要求有限的目标的测量，由于IGPS地面基站与飞行目标的距离要比GPS卫星与用户的距离小得多，对地面基站的功率要求也可以减小，而且地面基站的站址坐标可以事先确定，因此引起的定位误差会大大减小，通过对IGPS的乘性误差因素和加性误差因素以及定位精确度的分析结果表明，此套IGPS定位精度最多为9.2m，适合快速局域目标定位的场合。

第 4 章
IGPS基站网络的时钟同步

4.1 引言

时钟同步问题在分布式网络研究中是一个经典的问题。1994年，美国科学家Arvind K首先发表了与时钟同步相关的研究文章"Probabilistic clock synchronization in distributed systems"，说明作为一个分布式系统，有效的时钟同步能够保证系统进程之间相互稳定、协调的工作，精确地记录各种时间到达、请求和完成的时间，并且能够保证获得系统精确的全局状态，这也预示着对时钟同步问题的研究已经进入一个崭新的领域。目前，应用系统都是建立在分布式的网络环境之上的，如果没有一个统一的、准确的时钟，这些应用将很难正常地协调工作和运行，并且网络传输延迟的不确定性和突发性使得时钟同步问题变得非常复杂，阻碍了时钟同步技术的发展和应用，也使得基于分布式网络的时钟同步技术很难满足应用对时钟同步精度要求很高的场合需求。一般情况下，网络环境中的时钟同步目标就是要保证分布在网络上的各个节点具有一个统一的时间概念。本章主要讨论的应用对象是IGPS基站时钟网络，即研究IGPS地面基站时钟间是如何同步的。

本章应用的对象是IGPS地面基站网络，这个网络是由第3章提出的IGPS地面基站所组成的。为了实现时钟同步控制器的应用，设计出两种IGPS基站间时钟同步算法，分别是基于一种新的自适应离散卡尔曼滤波的时钟同步方法和基于多智能体一致性原理的快速平均时钟同步算法，最后在IGPS基站网络上验证了时钟同步算法的正确性和有效性，同时作为复杂网络同步的一个典型应用为复杂网络理论在实际中的应用给出了指导性的作用。

4.2 IGPS 基站时钟模型建立

每个 IGPS 基站的时钟节点 i 的动态特性可由下式表示[155,156]：

$$\xi_i(t) = \alpha_i + \beta_i t + \gamma_i t^2 + n_t \quad (4.1)$$

式中：$\xi_i(t)$ 表示本地时钟读数；$\alpha_i \in \mathbb{R}$ 表示本地时钟偏差；$\beta_i \in \mathbb{R}$ 表示本地时钟偏移，取决于时钟的速率；$\gamma_i \in \mathbb{R}$ 表示本地时钟漂移；n_t 表示本地时钟抖动，它是均值为零、标准差为 σ_n 的高斯白噪声。

每个时钟节点的组成部分如图 4.1 所示。在本书后续的描述中为了估计时钟参数，简化了方程（4.1）中的二次项系数，即省略掉时钟频率衰减系数（此项的影响较小）。

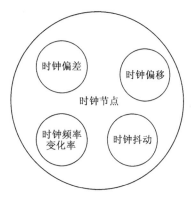

图 4.1 每个时钟节点的组成结构

4.3 一种新的自适应离散卡尔曼滤波时钟同步方法

4.3.1 IGPS 基站网络时钟同步分析

目前，卡尔曼滤波算法已广泛应用于信号和数据处理之中，它是从系统的测量参数中恢复一些动态参数的最主要方法之一[152]。因此，在 IGPS 基站间时钟同步研究中，可以借助卡尔曼滤波算法对时钟参数进行估计。但是，传统的卡尔曼滤波器应用的一个重要先决条件是必须准确知道噪声的统计特性。由于实际系统本身元器件（晶振时钟）的不稳定性，而且估计环境（多路径误差引起的）不是一直不变的，这些因素都给系统过程噪声和观测噪声的准确描述带来困难，不完全的先验信息和不准确的估计时间都会间接影响 IGPS 定位解的准确性。如何在不完全的先验信息条件下来达到好的滤波效果是自适应滤波技术研究的问题，自适应滤波基本思想就是在利用观测数据进行滤波的同时，不断地对未知的或不确知的系统模型参数（甚至结构）、噪声统计特性和状态增益阵进行在线估计或修正，实现滤波器设计参数的在线改进，以缩小实际的滤波误差，提高滤波的精度，获得状态变量的最佳估计值[153,154]。

本节提出了一种新的自适应卡尔曼滤波技术来试图解决 IGPS 基站网络间

时钟同步问题，这种方法主要是利用测量新息序列在估计移动窗内的分段静止特性来在线实时估计时钟的参数信息和过程噪声与测量噪声的协方差阵。

假设每个 IGPS 基站产生的时钟脉冲与标准时钟源（铷钟或铯钟）产生的脉冲对比，误差由离散时间信号 y 给出，y_k 表示第 k 个 IGPS 基站的时钟脉冲与标准时钟的偏差大小。根据 4.2 节所述，本地时钟与标准时钟的误差模型可建立成为

$$y_k = \alpha + \beta k \tag{4.2}$$

式中：$\alpha \in \mathbb{R}$ 是相对时钟偏差；$\beta \in \mathbb{R}$ 是相对时钟偏移。

图 4.2 给出了在理想情况下本地时钟与标准时钟对比的时钟偏差和时钟偏移，其中虚直线所代表的本地时钟应该与实直线所代表的标准时钟（$\alpha = 0$ 且 $\beta = 1$）一致。

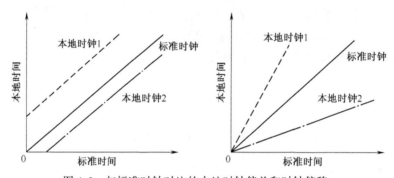

图 4.2 与标准时钟对比的本地时钟偏差和时钟偏移

首先，利用标准时钟的传播特性去掉时钟同步误差的两个主要来源（发送时间和存取时间）来减少不确定因素。对相对小的网络而言，传播时间可以忽略掉，但是在 IGPS 基站时钟网络中，距离因素必须要被补偿。假设传播延迟能被粗略地计算和补偿，并且时钟晶振要有很高的短期频率稳定度。如图 4.3 所示，从标准时钟传送的同步脉冲信号将由处在网络中的所有 IGPS 基站接收。并且，每个 IGPS 基站接收到标准时钟脉冲时标记出时间戳。

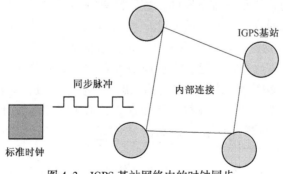

图 4.3 IGPS 基站网络中的时钟同步

其次，本地时钟相对偏差和时钟偏移可以通过实时的误差测量，并且获得最佳的适应直线 $y = \alpha + \beta k$。例如，对于由基站 r_1 和 r_2 所接收到的第 k 个同步脉冲信号可以得到 $x_k = T_{r1,k}$ 和 $y_k = T_{r2,k} - T_{r1,k}$ 关系曲线，其中 $T_{ri,k}$ 表示第 r_i 个基站时钟接收到第 k 个同步脉冲。运用卡尔曼滤波算法，截距 α 和斜率 β 可被估计出来。当由第 r_1 个基站时钟衡量时，最佳适应曲线的斜率表示相对的时钟偏移，截距表示相对的相位偏差。因此，可以转换由 r_1 基站时钟产生的任何时间值和此刻在 r_2 基站时钟产生的时间值。

设第 N 个 IGPS 基站交换彼此记录的数据来计算相对钟差和时钟漂移，用本书提出的新的自适应卡尔曼滤波方法来最优估计这些参数，第 j 个基站的离散系统状态向量定义为

$$\bar{x}_j(k) = [\alpha_1(k) \quad \beta_1(k) \quad \cdots \quad \alpha_{N-1}(k) \quad \beta_{N-1}(k)]^T \tag{4.3}$$

式中：$\alpha_i(k)$ 和 $\beta_i(k)$ 是 j 基站相对 i 基站的相对时钟相位偏差和时钟偏移值，$i \neq j$。

最后，可以建立系统的状态转换公式：

$$\bar{x}_j(k+1) = A\bar{x}_j(k) + \bar{\omega}_j(k) \tag{4.4}$$

式中：A 是 $2(N-1) \times 2(N-1)$ 的单位转移矩阵；$\bar{\omega}_j(k)$ 是过程噪声［均值为零、协方差矩阵为 $Q_j(k)$ 的高斯白噪声序列］，$k = 1, 2, \cdots, n$。其中，

$$E\{\bar{\omega}_j(k)\} = 0$$
$$E\{\bar{\omega}_j(k), \bar{\omega}_j(k+\tau)^T\} = Q_j(k)\delta(\tau) \tag{4.5}$$

系统的测量值用 $N-1$ 维的向量 $\bar{y}_j(k)$ 表示，那么有

$$\bar{y}_j(k) = H(k) \cdot \bar{x}_j(k) + \bar{v}_j(k) \tag{4.6}$$

式中，$H(k)$ 是 $(N-1) \times 2(N-1)$ 常值矩阵，且

$$H(k) = \begin{bmatrix} 1 & T_{rj,k} & 0 & 0 & 0 & \cdots & 0 & 0 \\ 0 & 0 & 1 & T_{rj,k} & 0 & \cdots & 0 & 0 \\ \cdot & & & & & & & \cdot \\ \cdot & & & & & & & \cdot \\ \cdot & & & & & & & \cdot \\ 0 & 0 & 0 & \cdots & 0 & 0 & 1 & T_{rj,k} \end{bmatrix} \tag{4.7}$$

式中：$T_{rj,k}$ 表示第 j 个基站的时标；$N-1$ 维向量 $\bar{v}_j(k)$ 是测量噪声［它是均值为零、协方差矩阵为 $R_j(k)$ 的高斯白噪声序列］，且 $\bar{\omega}_j(k)$ 和 $\bar{v}_j(k)$ 互不相关，$k = 1, 2, \cdots, n$。其中，

$$E\{\bar{v}_j(k), \bar{v}_j(k+\tau)^T\} = R_j(k)\delta(\tau)$$

$$E\{\bar{v}_j(k), \bar{\omega}_j(k+\tau)^T\} = 0 \quad (4.8)$$

通过使用自适应卡尔曼滤波可以计算最小同步次数，并且使估计参数的误差尽量为 0。

4.3.2 一种新的自适应离散卡尔曼滤波时钟同步方法

在上一节中，已经建立了 IGPS 基站时钟参数的状态空间和观测模型，如式（4.4）、式（4.6）所示。因此，用离散卡尔曼滤波算法很容易形成以下两组方程[157]。

(1) 时间更新（预测阶段）：

$$\hat{x}(k+1|k) = A \cdot \hat{x}(k|k)$$
$$P(k+1|k) = A \cdot P(k|k) \cdot A^T + Q(k) \quad (4.9)$$

(2) 测量更新（修正阶段）：

$$Kg(k+1) = \frac{P(k+1|k) \cdot H^T(k+1)}{H(k+1) \cdot P(k+1|k) \cdot H^T(k+1) + R(k+1)}$$

$$\hat{x}(k+1|k+1) = \hat{x}(k+1|k) + Kg(k+1)[\bar{y}(k+1) - H(k+1) \cdot \hat{x}(k+1|k)]$$
$$P(k+1|k+1) = [I - Kg(k+1) \cdot H(k+1)] \cdot P(k+1|k) \quad (4.10)$$

传统的卡尔曼滤波通过 $y(k+1)$ 来观测 $k+1$ 时刻的测量值，而本节设计的基于残差的自适应离散卡尔曼滤波算法可以实现通过观测残差及其新息协方差的量值，检测时钟同步信息交换下滤波的发散，拒绝误差大的量测值。

定义 4.3.1 $k+1$ 时刻残差为 $\Lambda(k+1) = \bar{y}(k+1) - H(k+1) \cdot \hat{x}(k+1|k)$，它是一个直接可观测的参数，并且最优滤波残差序列 $\{\Lambda(k+1)\}$ 是一高斯白噪声序列，它的理论协方差为

$$\Psi_v(k+1) = R(k+1) + H(k+1) \cdot P(k+1|k) \cdot H^T(k+1) \quad (4.11)$$

采样方差 $\Psi(k+1)$ 的估计值 $\hat{\Psi}(k+1)$ 的递推公式如式（4.12）所示，其中 N 为采样点数，且有 $N \leq k$。

$$\hat{\Psi}(k+1) = \hat{\Psi}(k) + \frac{1}{N}[\Lambda(k) \cdot \Lambda^T(k) - \Lambda(k-N) \cdot \Lambda^T(k-N)] \quad (4.12)$$

于是，利用协方差的匹配方法得到了测量噪声方差的更新方程：

$$\hat{R}(k+1) = \hat{\Psi}_{v\Lambda k} - H(k+1) \cdot P(k+1|k) \cdot H^T(k+1) \quad (4.13)$$

定义 4.3.2 时钟系统的状态修正定义为 $\Lambda_{x(k+1)} = \hat{\bar{x}}(k+1) - \bar{x}(k+1)$，即

$$\Lambda_{x(k+1)} = \hat{\bar{x}}(k+1) - \bar{x}(k+1) - A \cdot \hat{\bar{x}}(k) + A \cdot \bar{x}(k) + \bar{\omega}(k) \quad (4.14)$$

由于估计误差是不独立的，因此为了避免相关性，将式（4.14）改写成

$$\Lambda_{x(k+1)} - \hat{\bar{x}}(k+1) + \bar{x}(k+1) = -A \cdot [\hat{\bar{x}}(k) - \bar{x}(k)] + \bar{\omega}(k) \quad (4.15)$$

令 $\Delta(k+1) = \hat{\bar{x}}(k+1) - \bar{x}(k+1)$，则式（4.15）两边取方差变为

$$E\{(\Lambda_{x(k+1)} - \Delta(k+1)) \cdot (\Lambda_{x(k+1)} - \Delta(k+1)^T)\} = A \cdot P(k+1|k) \cdot A^T + Q(k)$$

(4.16)

此时分两种情况讨论：

(1) 当 $E\{\Lambda_{x(k+1)} \cdot \Delta^T(k+1)\} = 0$ 时，式（4.16）两边取方差得到：

$$E\{\Lambda_{x(k+1)} \cdot \Lambda^T_{x(k+1)}\} = A \cdot P(k+1|k) \cdot Q^T(k+1|k) + Q(k+1) - P(k+1)$$

(4.17)

其中，$E\{\Delta(k+1) \cdot \Delta^T(k+1)\} = P(k+1)$。于是可以得到系统噪声方差的更新方程：

$$\hat{Q}(k+1) = \hat{Q}_{v_{x(k+1)}} + P(k+1) - A \cdot P(k+1|k) \cdot A^T \quad (4.18)$$

(2) 当 $E\{\Lambda_{x(k+1)} \cdot \Delta^T(k+1)\} \neq 0$ 时，有以下结论：

$$E\{\Lambda_{x(k+1)} \cdot \Delta^T(k+1)\}$$
$$= E\{\hat{\bar{x}}(k+1) - \bar{\bar{x}}(k+1) \cdot \Delta^T(k+1)\}$$
$$= E\{\Delta(k+1) \cdot \Delta^T(k+1)\} - E\{[\bar{\bar{x}}(k+1) - \bar{x}(k+1) \cdot \Delta^T(k+1)]\}$$

而

$$\Delta(k+1)$$
$$= [I - Kg(k+1) \cdot H(k+1)][\bar{x}(k+1) - \bar{x}(k+1)] + Kg(k+1) \cdot H(k+1)$$

因此最后的期望为

$$E\{\Lambda_{x(k+1)} \cdot \Lambda^T_{x(k+1)}\}$$
$$= A \cdot P(k+1|k) \cdot A^T + P(k+1) + Q(k+1) - P(k+1|k) \cdot$$
$$[I - Kg(k+1) \cdot H(k+1)]^T - [I - Kg(k+1) \cdot H(k+1)] \cdot P(k+1|k)$$

(4.19)

取 L 个采样均值为

$$\hat{\Psi}_{x(k+1)} = \hat{\Psi}_{x(k)} + \frac{1}{L}[\Lambda_{x(k+1)} \cdot \Lambda^T_{x(k+1)i} - \Lambda_{x(k+1-L)} \cdot \Lambda^T_{x(k+1-L)}]$$

于是可得到自适应过程噪声协方差估计：

$$\hat{Q}(k+1) = \hat{\Psi}_{x(k+1)} + P(k+1) - A \cdot P(k+1|k) \cdot A^T - P(k+1|k) \cdot$$
$$[I - Kg(k+1) \cdot H(k+1)]^T - [I - Kg(k+1) \cdot H(k+1)] \cdot$$
$$P(k+1|k)$$

$$\hat{\Psi}_{x(k+1)} = \hat{\Psi}_{x(k)} + \frac{1}{L}[\Lambda_{x(k+1)} \cdot \Lambda^T_{x(k+1)i} - \Lambda_{x(k+1-L)} \cdot \Lambda^T_{x(k+1-L)}]$$

(4.20)

综上所述，本节所提到的一种基于残差的自适应离散卡尔曼滤波的时钟同步算法，具体的 IGPS 基站间时钟同步算法工作流程如图 4.4 所示。

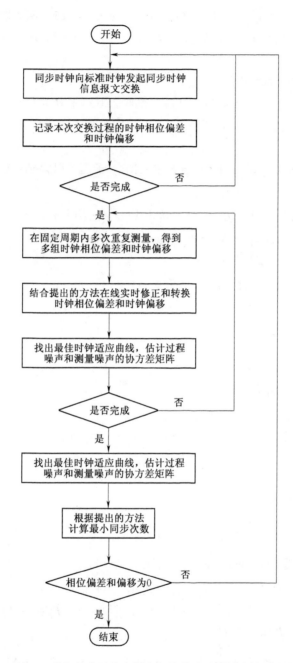

图4.4 基于一种新的自适应离散卡尔曼滤波时钟同步算法流程图

根据式（4.9）、式（4.10）、式（4.13）和式（4.20），可设计出如图 4.5 所示的一种基于残差的离散自适应卡尔曼滤波方法的结构图。

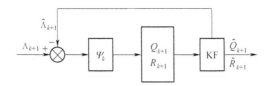

图 4.5　基于残差的自适应离散卡尔曼滤波结构图

4.3.3　实验和仿真

实验装置如图 4.6 所示，IGPS 基站网络系统是由一个标准时间参考源和四个 IGPS 基站组成。其中，标准时钟源采用频率为 5MHz、秒稳定度为 10^{-10} 的铷钟；每个 IGPS 基站时钟均采用频率为 5MHz 的晶振时钟，且基站之间没有强视距路径，时间戳进程的标准差也是相同的。

图 4.6　IGPS 基站网络系统装置

每个基站时钟都用本书提出的一种自适应离散卡尔曼滤波方法来在线实时估计与另外三个基站时钟的时钟相位偏差和时钟偏移。因为对所有 IGPS 基站相对的时钟参数估计的进程是一样的，所以以下仅针对 IGPS 基站 1 说明，其他基站的处理方法类似，仿真结果如图 4.7 所示。

从图 4.7 的仿真结果可以看出，在很少次数的同步脉冲信号发出后，估计的相对时钟偏差和估计的时钟偏移会集中到真值上。测量参数过程中自适应的过程噪声 Q 和测量噪声 R 的仿真曲线如图 4.8 所示。其中，图 4.8（a）中，①是使用本书提出的自适应离散卡尔曼滤波方法在线调整后的过程噪声 Q 曲线，②是进行传统卡尔曼滤波的过程噪声曲线；图 4.8（b）中，

③是使用本书提出的自适应离散卡尔曼滤波方法在线调整后的测量噪声 R 曲线，④是进行传统卡尔曼滤波的测量噪声 R 曲线。

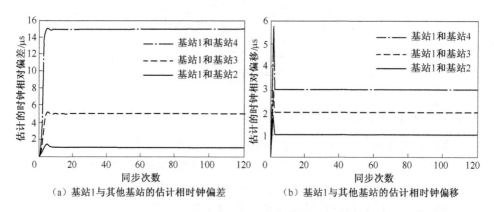

图 4.7　基站 1 的相对时钟偏差和时钟偏移

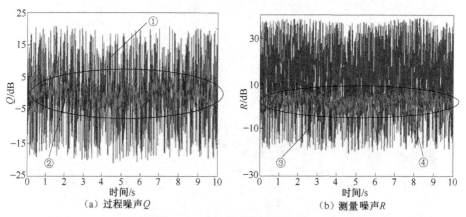

图 4.8　过程噪声和测量噪声

图 4.8 说明，使用本书提出的一种新的自适应离散卡尔曼滤波方法后，时钟状态滤波估计值依赖外推预测值的比重和依赖观测值的比重都比使用传统卡尔曼滤波方法的值要小。

图 4.9 给出了基站 1 和基站 2、基站 3、基站 4 时标之间的相对估计参数（α 和 β）转换曲线。估计的时钟相位偏差由截距表示，相应的时钟偏移由斜率表示。其中，⑤表示在基站 1 时标下的基站 2 的时钟关系曲线，⑥表示在基站 1 时标下的基站 3 的时钟关系曲线，⑦表示在基站 1 时标下的基站 4 的时钟关系曲线。

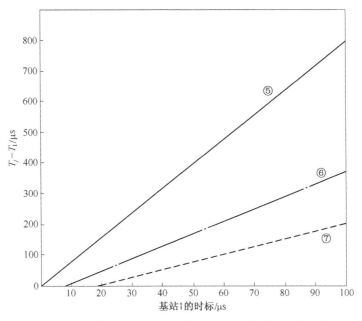

图 4.9 基站 1 和基站 2、基站 3、基站 4 的时标转换曲线

4.4 一种时钟快速平均同步算法（FASA）

上一节中提出了一种新的基于自适应离散卡尔曼滤波的时钟同步方法，这种方法虽然可以在线实时同步基站之间的时钟参数，也可以去除 IGPS 基站时钟网络中的噪声，但是由于在实际应用中经常需要等待标准时钟发送同步周期信号，并且这种方法不能满足快速同步场合的需要，因此，本节提出了一种时钟快速平均同步算法，即 Fast Averaging Synchronization Algorithm（FASA），用来同步 IGPS 基站网络中的时钟节点。近年来，多智能体网络系统的演化以及协调控制问题已经吸引了众多的学者，成为复杂系统研究中十分活跃的领域[158-160]。1986 年，Minsky 在出版的《思维社会》中首次提出了 Agent 的概念，认为复杂系统中的某些个体经过协商可求出问题的解，这个个体就是 Agent。1995 年，Russell 提出："Agent 是任何能通过传感器感知环境并且通过执行器对环境进行动作"。基于这种定义：机器人、各种信息传输的载体、卫星以及飞行器等都可以认为是智能体[161,162]。多智能体系统（Multiagent Systems）是由多个智能体组成的智能体网络系统，是一种分布式的自主系统，多智能体系统的表现通过单个智能体的信息交换来实现整体的协调与控制[163]。目前，多智能体系统主要研究多个智能体联合采取行动或求解

问题，如何协调各自的知识、目标、策略和规划等。在表达实际系统时，多智能体系统通过各智能体之间的通信、合作、互解、协调、调度、管理以及控制来表达系统的结构、功能以及行为特征[164]。

本章选择的研究节点是把复杂网络中的每个节点看成IGPS基站时钟节点，那么这些节点的同步性问题与目前研究热点多智能体的一致性问题有很大相似之处，但也有许多不同之处。根据文献［169］和［170］的定义，同步性和一致性具有如下关系：

（1）同步是指使系统实现状态一致所采取的动作（或策略、方法、过程）。

（2）可同步性是指系统可通过同步达到一致性的性质。

（3）一致是指系统中所有节点的状态（可以是常数或时间的函数）相同。

（4）一致性是指系统具有可达到状态一致的性质。

根据上述定义可见，在复杂网络中同步性和一致性描述了系统节点的状态是否趋于一致的两个不同侧面。同步性主要侧重于系统过程的研究，而一致性侧重于系统状态的分析；同步性和一致性的研究可以相互补充、相互促进。

多智能体网络中的"一致性"意味着所有智能体状态的某个有关量达到一致。一致性算法是一种相互作用的规则，它指定网络中某个智能体和它所有邻居之间的信息交换。对于时钟节点而言，时钟振荡器和时钟时间可以分别看作多智能体和它们关心的数量值。因此，为解决含有延迟的复杂网络中时钟振荡器的同步问题，我们合理和自然地采用一致性算法。本节提出的快速时钟同步算法借鉴了多智能体一致性的理论，把这种思想引入复杂网络中的时钟同步问题上，并在IGPS基站网络间的时钟同步问题上得到了很好的应用。

4.4.1 问题描述和数学预备知识

首先把IGPS基站间时钟网络抽象到一般性的通信延迟复杂网络中，该复杂网络由图4.10给出。

根据式（4.1）可知，每个时钟节点的方程可以描述为

$$\xi_i(t) = \alpha_i + \beta_i \cdot t \tag{4.21}$$

通常情况下，每个时钟节点中参考时间t是未知的，因此不能计算出α_i和β_i，但是可以通过测量本地时钟节点i关于节点j获得间接的信息值。如果我们解式（4.21）中关于t的信息，则可以得到：

$$\xi_j = \alpha_{ij} + \beta_{ij} \cdot \xi_i \tag{4.22}$$

第 4 章　IGPS基站网络的时钟同步

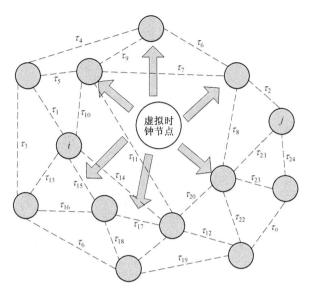

图 4.10　含时钟节点的带通信延迟的网络结构图

因此,我们需要同步的"虚拟"参考时钟节点可以表示为

$$\xi_v(t) = \alpha_v + \beta_v \cdot t \tag{4.23}$$

由于所选的"虚拟"参考时钟节点是虚构的,因此我们并不关心 (α_v, β_v) 的大小是多少,我们所关心的只是所有的时钟节点都收敛到这个"虚拟"参考时钟节点上。那么,每个时钟节点使用以下的线性函数时刻保持着与"虚拟"参考时钟节点式(4.23)的估计:

$$\hat{\xi}_i = \hat{o}_i + \hat{s}_i \cdot \xi_i \tag{4.24}$$

如图 4.10 所示,我们想要为复杂网络中每个时钟节点找到 ($\hat{s}_i$, $\hat{o}_i$),使得

$$\lim_{t \to \infty} \hat{\xi}_i(t) = \xi_v(t) \quad, i = 1, \cdots, n \tag{4.25}$$

也即所有的时钟节点会有一个全局的参考节点并且迅速地达到同步。图 4.11 给出了每个时钟节点与"虚拟"参考时钟节点同步误差补偿的动态特性。FASA 估计出每个时钟节点同步于"虚拟"参考节点的快慢值,然后使用这个值来补偿正在同步的时钟节点,通过使用时钟偏差和时钟偏移补偿后,可以保证每个时钟节点达到同步状态。

由图 4.11 可见,我们可以在相等时间间隔内把一个线性方程转化成一个一阶系统:

$$\dot{\xi}_i(t) = f(\xi_i(t)) \tag{4.26}$$

式中:$f \in \mathbb{R}^n$ 是 Lipschitz 连续和光滑的,并且 $f(0) = 0$,$t_k \leq t < t_{k+1}$,$k = 0, \cdots$,

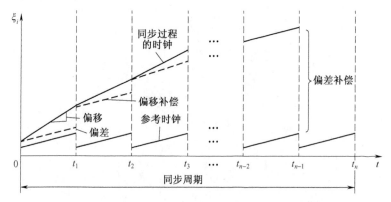

图 4.11 使用 FASA 的每个时钟节点动态同步过程

$n-1$，$i=1$，…，n。对于每个时钟节点，将式（4.21）代入式（4.24）可得

$$\hat{\xi}_i(t) = \hat{s}_i\beta_i \cdot t + \hat{s}_i\alpha_i + \hat{o}_i \tag{4.27}$$

$$\lim_{t \to \infty} \hat{s}_i(t) = \frac{\beta_v}{\beta_i} \tag{4.28}$$

$$\lim_{t \to \infty} \hat{o}_i(t) = \alpha_v - \hat{s}_i(t) \cdot \alpha_i = \alpha_v - \frac{\beta_v}{\beta_i} \cdot \alpha_i, \quad i = 1, \cdots, n \tag{4.29}$$

解决时钟节点的同步问题是一个涉及式（4.26）轨迹的动态过程。

定义 4.4.1 时滞复杂网络 $\mathcal{G}$ 用以下形式描述：

$$\dot{\xi}(t) = f(\xi(t)) + f_d(\xi(t-\tau_1), \cdots, \xi(t-\tau_{nd}))$$
$$\xi(\theta) = \phi(\theta), \quad -\tau^* \leq \theta \leq 0, \; t \geq 0 \tag{4.30}$$

式中：$f_d: \mathbb{R}^n \times \cdots \times \mathbb{R}^n \to \mathbb{R}^n$ 是 Lipschitz 连续的，$f_d(0,\cdots,0)=0$，$\tau^* = \max_{i \in \{1, \cdots, n_d\}} \tau_i$，$i=1,\cdots,n_d$，并且向量 $\xi(t) \stackrel{\text{def}}{=} [\xi_1(t), \xi_2(t), \cdots, \xi_n(t)]^T$ 表示网络时钟节点的状态，$\phi(\cdot) \in C = C([-\tau^*, 0], \mathbb{R}^n)$ 是一个连续的向量值函数并且满足式（4.30）的初始值。

定义 4.4.2 时钟同步问题是一个动态同步过程，涉及以下系统的轨迹问题：

$$\dot{\xi}(t) = u(t), \quad \xi(0) = \xi_0, \; t \geq 0 \tag{4.31}$$

式中：$u(t) \stackrel{\text{def}}{=} [u_1(t), \cdots, u_n(t)]^T$ 是一个时钟同步算法，并且它对网络输入的每个组成部分是 $u_i(t)$，$i=1,\cdots,n$，$u_i(t)$ 取决于时钟节点 i 和它邻居节点之间的状态。

从某种意义上说，同步问题是关于时钟同步算法 $u(t)$ 的设计问题以至于 $\hat{\xi}_i(t)$ 满足方程式（4.24）。由于信息流和网络延迟的方向约束的存在，$u_i(t)$

受以下反馈约束的限制：
$$u_i(t) = f_i(\xi_i(t), \xi_{j_1}(t-\tau_{ij_1}), \cdots, \xi_{j_{mi}}(t-\tau_{ij_{mi}}))$$

其中，$\tau_{ij_k} > 0, j_k \in N_i \underline{\text{def}}\{j \in \{1, \cdots, n\}: (j, i) \in E\}$ 是节点 i 和节点 j 之间未知的通信延迟，通常定义当 $(j, i) \notin E$ 时，$\tau_{ij} \underline{\text{def}} 0$。

定义 4.4.3 如果 $F(\xi) \underline{\text{def}} f(\xi) + f_d(\xi, \xi, \cdots, \xi)$ 中 $F(\cdot)$ 表示分为若干部分的函数。那么，非线性时滞动态系统（4.30）是一个分割动态系统，其中 $f(\cdot)$ 和 $f_d = [f_{d1}, \cdots, f_{dn}]^T$ 由下式给出：

$$f_i(\xi(t)) = -\sum_{j=1, j\neq i}^{n} a_{ji}(\xi(t))$$

$$f_{di}(\xi(t-\tau_1), \cdots, \xi(t-\tau_{n_d})) = \sum_{j=1, j\neq i}^{n} a_{ij}(\xi(t-\tau_{ij})) \quad (4.32)$$

$a_{ij}(\xi(\cdot)) \geq 0$ 表示从第 j 个分割部分到第 i 个分割部分的通信传输流动瞬时速率，其中 $\xi(\cdot) \in C_+, i \neq j, i, j \in \{1, \cdots, n\}$。$\tau_{ij}, i \neq j, i, j \in \{1, \cdots, n\}$ 表示从第 j 个分割部分到第 i 个分割部分的传输时间。

根据以上的定义可知，具有通信时滞的复杂网络形式可以写为

$$u(t) = \dot{\xi}(t) = f(\xi(t)) + \sum_{i=1}^{n_d} f_{d_i}(\xi(t-\tau_i))$$

$$\xi(\theta) = \phi(\theta), \quad -\tau^* \leq \theta \leq 0, t \geq 0 \quad (4.33)$$

其中，$f: \overline{\mathbb{R}}_+^n \to \overline{\mathbb{R}}_+^n$ 由 $f(\xi) = [f_1(\xi_1), \cdots, f_n(\xi_n)]^T$ 给出。$f(0) = 0, f_{d_i}: \overline{\mathbb{R}}_+^n \to \overline{\mathbb{R}}_+^n (i = 1, \cdots, n_d)$，并且 $f_d(0) = 0$。进一步地，假设 $f_i(\cdot), i = 1, \cdots, n$ 是严格递减函数并且 $f_i(0) = 0$。

定义 4.4.4[171] 考虑非线性时滞动态系统（4.29），如果 $f(\cdot)$ 和 $f_d(\cdot)$ 都是非负的，并且对每个 $\phi(\cdot) \in C_+$ 都有 $C_+ \underline{\text{def}}\{\varphi(\cdot) \in C: \varphi(\theta) \geq 0, \theta \in [-\tau^*, 0]\}$，那么 $\xi_i(t)$ 和 $\mathcal{G}$ 是非负的。

4.4.2 一种快速平均同步算法（FASA）

在本节中提出并描述了一种时钟同步算法，称为快速平均同步算法（FASA）。这种算法借鉴了基于信息交换的多智能体一致性算法思想[165-168]。具体地说，FASA 使所有的节点趋向于一个"虚拟"节点，并且实现了在时钟振荡器动态网络中相对时钟偏移估计、时钟偏移补偿和时钟偏差补偿，FASA 具体的动态过程如图 4.11 所示，下面对 FASA 的具体步骤进行详细说明。

4.4.2.1 相对时钟偏移估计

首先，FASA 处理节点 i 及其邻居节点 j 的相对时钟偏移 β_{ij}。假设两个本地时钟节点的读数都是瞬时的，并且在一个通信包内时钟节点 j 存储当前的本地时间 $\xi_j(t_1)$，然后节点 i 在一段时间后接收此通信包，并且记录它自己的本地时刻 $\xi_i(t_1)$。与此同时，每个节点 i 记录一对 $(\xi_i(t_1), \xi_j(t_1))$。当一个新

的信息包从节点 i 到达了节点 j，应用相同的操作可得到一对新的 $(\xi_i(t_2)$，$\xi_j(t_2))$。因此，β_{ij} 的估计值 μ_{ij} 可由下式获得：

$$\mu_{ij_{new}} = \lambda_\mu \mu_{ij} + (1 - \lambda_\mu) \frac{x_j(t_2) - x_j(t_1)}{x_i(t_2) - x_i(t_1)} \quad (4.34)$$

其中，$\mu_{ij_{new}}$ 表示变量 μ_{ij} 的更新值，并且 $\lambda_\mu \in (0, 1)$ 是一个调节参数。如果没有测量误差并且时钟偏移是常数，那么 μ_{ij} 收敛于 β_{ij}，证明过程如以下定理。

定理 4.4.1 考虑更新方程式 (4.34)，其中 $\lambda_\mu \in (0, 1)$，并且每个 ξ_i 都满足式 (4.26)，那么有

$$\lim_{k \to \infty} \mu_{ij}(t_k) = \beta_{ij} \quad (4.35)$$

式中：t_k 表示更新时刻值，$\mu_{ij}(0) = \mu(0)$。

证明：因为不论在 t_1 还是 t_2 都有 $\beta_{ij} = \frac{\xi_j(t_2) - \xi_j(t_1)}{\xi_i(t_2) - \xi_i(t_1)}$ 成立，因此很容易得到下式：

$$\mu_{ij}(t_k) = \lambda_\mu^k \mu(0) + \sum_{l=1}^{k-1}(1 - \lambda_\mu)^l \beta_{ij} = \lambda_\mu^k \mu(0) + \beta_{ij}(1 - \lambda_\mu^k) \quad (4.36)$$

因为 $\lambda_\mu \in (0, 1)$，在式 (4.36) 两边同时对 $k \to \infty$ 取极限，可以得到**定理 4.4.1** 的结论，定理证毕。

由于 β_{ij} 是时变的，并且受到噪声因素的干扰，因此在一个固定的频率上完成更新过程是不太现实的。

4.4.2.2 时钟偏移补偿

在实际应用中，每个时钟节点在 FASA 作用下直到所有节点收敛于全局值。具体地说，每个时钟节点存储其"虚拟"时钟偏移估计值 $\hat{s}_i$。当时钟节点 i 从节点 j 接收到一个信息包时，更新 $\hat{s}_i$ 的方程如下：

$$\hat{s}_{i_{new}} = \lambda_\omega \hat{s}_i + (1 - \lambda_\omega)\mu_{ij}\hat{s}_j \quad (4.37)$$

式中：$\hat{s}_j$ 是邻居节点 j 的"虚拟"时钟偏移估计值，并且 $\hat{s}_i(0) = 1$。定义变量 $\Xi_i = \hat{s}_i \beta_i$，可知在一个初始短暂的周期后，有 $\mu_{ij} = \beta_{ij}$ 成立。如果式 (4.37) 的所有项都乘以 β_i，可以得到下式：

$$\Xi_{i_{new}} = \lambda_\omega \Xi_i + (1 - \lambda_\omega) \Xi_j \quad (4.38)$$

根据式 (4.38)，可以使用一些充要条件的结果[172]来体现 FASA 的时钟偏移估计和时钟偏移的补偿方法，进而提出以下定理。

定理 4.4.2 考虑更新方程式 (4.37)，其中 $\hat{s}_i(0) = 1$ 且 $\lambda_\omega \in (0, 1)$。假设对所有的 i、j 都有 $\mu_{ij} = \beta_{ij}$ 成立，并且复杂网络 $\mathcal{G}$ 的通信拓扑是强连通的。那么有

$$\lim_{t \to \infty} \hat{s}_i(t) \beta_i = \beta_v, \quad \forall i \quad (4.39)$$

式中：β_v 是一个常数参数，并满足 $\beta_v \in [\min(\beta_i(0)), \max(\beta_i(0))]$。

证明：令 $\Xi_i(t) = \beta_i \hat{s}_i(t)$，$i \in \{1, \cdots, n\}$ 并且 $\Xi = (\Xi_1, \Xi_2, \cdots, \Xi_n)^T$，$\mathbf{e} = (1, 1, \cdots, 1)^T$。考虑以下的时间序列 $t_p = pT$，其中 T 是时间窗的长度。令 ζ_h^p 表示在 $t \in [t_p, t_{p+1})$ 内所有节点有规律的通信瞬时值大小，令 $j_{\zeta_p, h}$ 表示在时刻 ζ_h^p 处传递其数值 $\hat{s}_j$ 并且其所有的邻居节点根据式（4.37）更新它们的信息 $\hat{s}_i$。定义一个随机矩阵 $A_{\zeta_p, h}$（其性质见文献［173］），并且根据节点交换同步信息，以至除了 $[A_{\zeta_p, h}]_{i, j_{\zeta_p, h}} = 1 - \lambda_\omega$ 和 $[A_{\zeta_p, h}]_{i, i} = \lambda_\omega$ 之外的所有同步信息都为 0，其中节点 i 是节点 $j_{\zeta_p, h}$ 的邻居节点。根据上述定义，可以得到：

$$\Xi(t_{p+1}) = A_{\zeta_p, h_p} A_{\zeta_p, h_p - 1} \cdots A_{\zeta_p, 2} A_{\zeta_p, 1} \Xi(t_p) = A_p \Xi(t_p) \quad (4.40)$$

因为每个时钟节点在第 p 个时间窗内至少通信一次，其中 $t \in [t_p, t_{p+1})$，那么从文献［174］可知 A_p 是强连通的并且在一些独立于 p 节点之外的某些 ω 节点上。定义一个新的时间序列 $\bar{t}_q = qnT$，可得到：

$$\Xi(\bar{t}_{q+1}) = A_{qn+n-1} \cdots A_{qn+1} A_{qn} \Xi(\bar{t}) = \bar{A}_q \Xi(\bar{t}) \quad (4.41)$$

再根据文献［172］中的推论可得：

$$\lim_{t \to \infty} \Xi(t) = \lim_{q \to \infty} \Xi(t_q) = \prod_{m=1}^{\infty} \bar{A}_m \Xi(0) = \Xi_{ss} \mathbf{e} \quad (4.42)$$

式中：$\Xi_{ss} \in \mathbb{R}$。由于所有的 $\bar{A}_m$，$m = 1, 2, \cdots, n$ 是随机的，因此有 $\max(\bar{A}_m \Xi) \leq \max(\Xi)$ 和 $\min(\bar{A}_m \Xi) \geq \min(\Xi)$。因此可得，由 $\Xi_{ss} \in [\min(\Xi(0)), \max(\Xi(0))]$，$\Xi_i(t) = \beta_i \hat{s}_i(t)$ 和 $\Xi_i(0) = \beta_i \hat{s}_i(0) = \beta_i$ 可知，**定理4.4.2** 成立。定理证毕。

4.4.2.3 时钟偏差补偿

根据前面的分析，在运用基于 FASA 的时钟偏移补偿后，所有的"虚拟"时钟节点具有相同的偏移值。因此式（4.27）可写成：

$$\hat{\xi}_i(t) = \beta_v t + \frac{\beta_v}{\beta_i} \alpha_i + \hat{o}_i \quad (4.43)$$

可按如下方法来更新"虚拟"时钟偏差：

$$\hat{o}_{i_{new}} = \hat{o}_i + (1 - \lambda_o)(\hat{\xi}_j - \hat{\xi}_i) = \hat{o}_i + (1 - \lambda_o)(\hat{s}_j \xi_j + \hat{o}_j - \hat{s}_i \xi_i - \hat{o}_i) \quad (4.44)$$

式中：$\hat{\xi}_j$ 和 $\hat{\xi}_i$ 在相同时刻计算。根据式（4.29），需要知道时钟偏差更新方程保证对所有的时钟节点都有 $\alpha_v = \lim_{t \to \infty} \hat{o}_i + \beta_v / \beta_i \cdot \alpha_i$，其中 $\lambda_o \in (0, 1)$。为了简化问题，令 $\Omega_i = \hat{o}_i + \beta_v / \beta_i \cdot \alpha_i$，将式（4.43）代入式（4.44）中可得：

$$\Omega_{i_{new}} = \lambda_o \Omega_i + (1 - \lambda_o) \Omega_j \quad (4.45)$$

式（4.45）和式（4.44）具有相同结构，因此，在**定理4.4.2**相同的假设下，

所有的 Ω_i 将会趋同于相同的值。

4.4.3 FASA 收敛性分析

由于 FASA 是一种具有动态特性的算法，因此采取式（4.33）描述的分割系统模型来刻画 FASA 的实现过程，转化为证明这个含时滞的动态系统是半稳定的，以下的引理在证明定理时会用到。

引理 4.4.1[171]　如果 $\mathbf{e}^{\mathrm{T}}(f(\xi)+\sum_{i=1}^{n_d}f_{d_i}(\xi))=0$，那么存在非负的对角矩阵 $\mathbf{X}_i\in\overline{\mathbb{R}}_+^{n\times n}$，$\mathbf{X}\overset{\text{def}}{=}\sum_{i=1}^{n_d}\mathbf{X}_i>0$ 使得下式成立：

$$\mathbf{X}_i^D \mathbf{X}_i f_{d_i}(\xi) = f_{d_i}(\xi), \quad \xi\in\overline{\mathbb{R}}_+^n, \quad i=1,\cdots,n_d \quad (4.46)$$

$$\sum_{i=1}^{n_d} f_{d_i}^{\mathrm{T}}(\xi)\mathbf{X}_i f_{d_i}(\xi) \leq f^{\mathrm{T}}(\xi)\mathbf{X}f(\xi), \quad \xi\in\overline{\mathbb{R}}_+^n \quad (4.47)$$

定理 4.4.3　考虑式（4.33）的具有延迟结构的非线性复杂网络，如果

$$f(\xi)+\sum_{i=1}^{n_d}f_{d_i}(\xi)=0, \quad \xi\in\overline{\mathbb{R}}_+^n$$

那么，对于任意 $M\geq 0$，$M\mathbf{e}$ 是一个半稳定的平衡点。即 $\lim_{t\to\infty}\xi(t)=M^*\mathbf{e}$，并且 M^* 满足，有

$$nM^* + \sum_{i=1}^{n_d}\tau_i^*\,\mathbf{e}^{\mathrm{T}}f_{d_i}(M^*\mathbf{e}) = \mathbf{e}^{\mathrm{T}}\phi(0) + \sum_{i=1}^{n_d}\int_{-\tau_i}^{0}\mathbf{e}^{\mathrm{T}}f_{d_i}(\phi(\theta))\mathrm{d}\theta \quad (4.48)$$

证明：考虑如下 Lyapunov 函数 $V: C_+\to\mathbb{R}$

$$V(\zeta(\cdot))=-\sum_{i=1}^{n}\int_{0}^{\zeta_i(0)}\mathbf{X}_{(i,i)}f_i(\vartheta)\mathrm{d}\vartheta + \sum_{i=1}^{n_d}\int_{-\tau_i}^{0}f_{d_i}^{\mathrm{T}}(\zeta(\theta))\mathbf{X}_i f_{d_i}(\zeta(\theta))\mathrm{d}\theta \quad (4.49)$$

那么对所有的 $\zeta(0)\neq 0$ 都有 $V(\zeta)\geq\sum_{i=1}^{n}\mathbf{X}_{i,i}[-f_i(\delta_i\zeta_i(0))]\zeta_i(0)>0$，其中 $0<\delta_i<1$。由于 $f_i(\cdot)$ 是一个严格递减函数，那么存在 $M(\cdot)$ 以至 $V(\zeta)>M(\|\zeta(0)\|)$。$V(\xi(t))$ 的导数沿着式（4.33）为

$$\dot{V}(\xi(t)) = -f^{\mathrm{T}}(\xi(t))\mathbf{X}\dot{\xi}(t) + \sum_{i=1}^{n_d}f_{d_i}^{\mathrm{T}}(\xi(t))\mathbf{X}_i f_{d_i}(\xi(t)) -$$

$$\sum_{i=1}^{n_d}f_{d_i}^{\mathrm{T}}(\xi(t-\tau_i))\mathbf{X}_i f_{d_i}(\xi(t-\tau_i))$$

$$= -f^{\mathrm{T}}(\xi(t))\mathbf{X}f(\xi(t)) - \sum_{i=1}^{n_d}f^{\mathrm{T}}(\xi(t))\mathbf{X}f_{d_i}(\xi(t-\tau_i)) +$$

$$\sum_{i=1}^{n_d}f_{d_i}^{\mathrm{T}}(\xi(t))\mathbf{X}_i f_{d_i}(\xi(t)) - \sum_{i=1}^{n_d}f_{d_i}^{\mathrm{T}}(\xi(t-\tau_i))\mathbf{X}_i f_{d_i}(\xi(t-\tau_i))$$

$$\leq -f^{\mathrm{T}}(\xi(t))\mathbf{X}f(\xi(t)) - \sum_{i=1}^{n_d}f^{\mathrm{T}}(\xi(t))\mathbf{X}\mathbf{X}^D\mathbf{X}f_{d_i}(\xi(t-\tau_i)) -$$

$$\sum_{i=1}^{n_d}[\mathbf{X}f(\xi(t))+\mathbf{X}_i f_{d_i}(\xi(t-\tau_i))]^{\mathrm{T}}\times\mathbf{X}_i^D[\mathbf{X}f(\xi(t))+$$

$$X_i f_{d_i}(\xi(t-\tau_i))] \leq 0, \ t \geq 0 \quad (4.50)$$

式（4.50）中前面几项来自于**引理 4.4.1** 中的式（4.46）和式（4.47），最后一项来自于以下事实：

$$f^T(\xi)Xf(\xi) = \sum_{i=1}^{n_d} f^T(\xi)XX_i^D Xf(\xi), \ \xi \in \overline{\mathbb{R}}_+^n$$

令 $\mathcal{P} \underline{\text{def}} \{\zeta(\cdot) \in C_+: Xf(\zeta(0)) + X_i f_{d_i}(\zeta(-\tau_i)) = 0, i=1,\cdots,n_d\}$，并且因为式（4.33）中 $\rho^+(\phi(\theta))$ 是有界的，其中 $\rho^+(\phi(\theta)) \in C_+$。由文献[175] 中的定理可知，$\lim_{t\to\infty}\xi(t) = \mathcal{M}$，其中 $\mathcal{M}$ 表示包含在 $\mathcal{P}$ 中最大的不变量集。因为 $\mathbf{e}^T(f(\xi) + \sum_{i=1}^{n_d} f_{d_i}(\xi)) = 0, \xi \in \overline{\mathbb{R}}_+^n$ 并且 $\mathcal{P} \subset \hat{\mathcal{P}} \underline{\text{def}} \{\zeta(\cdot) \in C_+: f(\zeta(0)) + \sum_{i=1}^{n_d} f_{d_i}(\xi(-\tau_i)) = 0\} = \{\zeta(\cdot) \in C_+: \zeta(\theta) = M\mathbf{e}, \theta \in [-\tau^*, 0], M \geq 0\}$。上式表明 $\lim_{t\to\infty}\xi(t) = \hat{\mathcal{P}}$。那么考虑以下方程：

$$W(\zeta(\cdot)) = \mathbf{e}^T\zeta(0) + \sum_{i=1}^{n_d}\int_{-\tau_i}^{0}\mathbf{e}^T f_{d_i}(\zeta(\theta))\mathrm{d}\theta, \ W: C_+ \to \mathbb{R}$$

因此，对于所有 $t \geq 0$。沿着式（4.33）的轨迹是：

$$W(\xi(t)) = W(\phi(\cdot)) = \mathbf{e}^T\phi(0) + \sum_{i=1}^{n_d}\int_{-\tau_i}^{0}\mathbf{e}^T f_{d_i}(\phi(\theta))\mathrm{d}\theta \quad (4.51)$$

这意味着 $\xi(t) \to \hat{\mathcal{P}} \cap \mathcal{T}$，其中 $\mathcal{T} \triangleq \{\zeta(\cdot) \in C_+: W(\zeta(\cdot)) = W(\phi(\cdot))\}$。因此有 $\hat{\mathcal{P}} \cap \mathcal{T} = \{M^*\mathbf{e}\}$ 并且 $\lim_{t\to\infty}\xi(t) = M^*\mathbf{e}$，其中 M^* 满足式（4.48）。最后，考虑 Lyapunov 函数：

$$V(\zeta(\cdot)) = -\sum_{i=1}^{n}\int_{M}^{\zeta_i(0)} X_{(i,i)}(f_i(\vartheta) - f_i(M))\mathrm{d}\vartheta +$$
$$\sum_{i=1}^{n_d}\int_{-\tau_i}^{0}[f_{d_i}(\zeta(\theta)) - f_{d_i}(M\mathbf{e})]^T \cdot X_i[f_{d_i}(\zeta(\theta)) - f_{d_i}(M\mathbf{e})]\mathrm{d}\theta$$

并且对所有 $\zeta_i(0) \neq M, 0 < \delta_i < 1$ 都有 $V(\zeta(\cdot)) \geq \sum_{i=1}^{n_d} X_{(i,i)}[f_i(M) - f_i(M + \delta_i(\zeta_i(0) - M))](\zeta_i(0) - M) > 0$。所以，$M\mathbf{e}, M \geq 0$ 是式（4.33）的一个半稳定平衡点。定理证毕。

定理 4.4.3 给出了 FASA 收敛性的过程并且证明了具有时滞的非线性复杂网络式（4.33）是半稳定的，其中 $f(\cdot)$ 和 $f_{d_i}(\cdot), i = 1, \cdots, n$ 满足式（4.32）、式（4.46）和式（4.47）。

4.4.4 FASA 收敛速度分析

在本节中进一步分析了 FASA 的收敛速率并给出了主要的定理。在 4.4.3 节中已经利用分割动态系统证明了 FASA 的收敛性，在本节中将利用文献[176] 中定义的 Q 因子来分析 FASA 的收敛速度并借助鲁棒最优设计的方法来讨论收敛速率，考虑如下的复杂网络系统：

$$\dot{\xi}(t) = f(\xi(t), u(t), t) \quad \xi(0) = \xi_0 \quad (4.52)$$

式中：$\xi(t)$ 是每个振荡器节点的状态，$\xi(t) \in \mathbb{R}^{n \times 1}$；$u(t) \in \mathbb{R}^{r \times 1}$；$f(\cdot)$ 是向量函数。通过鲁棒最优设计的方法把收敛速率问题转化成最小-最大问题，即当复杂网络系统在一个最大不确定环境下，Q 因子是最小的。Q 因子的定义如下：

$$Q = \limsup_{i \to \infty} \frac{|\Delta u_{i+1}|}{|\Delta u_i|} \quad (4.53)$$

为了研究 FASA 的收敛速率，同步算法控制目标转化如下：

$$J = \min_{\alpha, \beta \in \mathbb{R}} \max_{f_u \in l} \left| \frac{1 - \beta f_u}{1 + \alpha f_u} \right| \quad (4.54)$$

$$\text{s.t.} \quad \left| \frac{1 - \beta f_u}{1 + \alpha f_u} \right| < 1 \quad \forall f_u \in D \quad (4.55)$$

式中：α 和 β 分别为每个节点的时钟偏移值和时钟偏差值；D 为同步区域。

定理 4.4.4 在 FASA 收敛条件下，当且仅当 $\beta_1 = 1$ 和 $\beta_2 = 0$ 并且 $\alpha_1 = \dfrac{2 + \alpha n}{n + 2\alpha n}$ 和 $\alpha_2 = 0$ 时，FASA 收敛速率可达到最小，其中 n 为节点数。

证明：根据评估收敛速率的性能指标 Q，可以得到：

$$1 = \lim_{i \to \infty} \left(\frac{|\Delta u_{i-1}|}{|\Delta u_i|} \frac{|\Delta u_i|}{|\Delta u_{i-1}|} \right) \leq \lim_{i \to \infty} \left(\frac{|\Delta u_{i-1}|}{|\Delta u_i|} \right) \limsup_{i \to \infty} \left(\frac{|\Delta u_i|}{|\Delta u_{i-1}|} \right)$$

$$\frac{1}{Q} \leq \lim_{i \to \infty} \left(\frac{|\Delta u_{i-1}|}{|\Delta u_i|} \right) \quad (4.56)$$

因此，$Q = \limsup\limits_{i \to \infty} \left(\dfrac{|\Delta u_{i+1}|}{|\Delta u_i|} \right) \geq r_1 + r_2 \lim\limits_{i \to \infty} \left(\dfrac{|\Delta u_{i-1}|}{|\Delta u_i|} \right) \geq r_1 + r_2 \dfrac{1}{Q}$

当 Q 取得下界时，系统在 FASA 作用下有最小的收敛速率，故能得到下式：

$$Q^2 - r_1 Q - r_2 = 0 \quad (4.57)$$

其中，$r_1 = \left| \dfrac{\beta_1 - \alpha_1 f_u}{1 + \alpha f_u} \right|$ 并且 $r_2 = \left| \dfrac{\beta_2 - \alpha_2 f_u}{1 + \alpha f_u} \right|$。因此，目标函数可以转化为

$$J = \frac{|\beta_1|\theta + \sqrt{(|\beta_1|\theta)^2 + 4|1 - \beta_1|\theta}}{2} \quad (4.58)$$

其中

$$\theta = \frac{\alpha_2 - \alpha_1}{\alpha_1 + \alpha_2 + 2\alpha \alpha_1 \alpha_2}$$

以下讨论 β_1 的三种情况。

情形1：$\beta_1 \in (-\infty, 0)$，$\beta_1\theta < 0$，那么

$$\frac{\partial J}{\partial \alpha_1} = \theta\left(-1 + \frac{\beta_1\theta - 2}{\sqrt{(\beta_1\theta)^2 + 4(1-\beta_1)\theta}}\right) < 0$$

当 $\beta_1 = 0$ 时，目标函数最小值为

$$J = (\sqrt{4(1-\beta_1)\theta})/2 = \sqrt{\theta} \tag{4.59}$$

情形2：$\beta_1 \in [0, 1]$，那么

$$\frac{2 - \beta_1\theta}{\sqrt{(\beta_1\theta)^2 + 4(1-\beta_1)\theta}} = \frac{\sqrt{(\beta_1\theta)^2 - 4\beta_1\theta + 4}}{\sqrt{(\beta_1\theta)^2 + 4(1-\beta_1)\theta}} \geq \frac{\sqrt{(\beta_1\theta)^2 - 4\beta_1\theta + 4\theta}}{\sqrt{(\beta_1\theta)^2 + 4(1-\beta_1)\theta}} = 1$$

因此，能得到

$$\frac{\partial J}{\partial \beta_1} = \theta\left(1 + \frac{\beta_1\theta - 2}{\sqrt{(\beta_1\theta)^2 + 4(1-\beta_1)\theta}}\right) < 0$$

显然地，这个函数是单调递增的，能得到在 $\beta_1 = 1$ 处的最小值。并且有

$$J = \frac{\theta + \sqrt{(\theta)^2 + 4(1-\beta_1)\theta}}{2} = \theta \tag{4.60}$$

情形3：$\beta_1 \in (1, \infty)$，那么

$$\frac{\partial J}{\partial \beta_1} = \theta\left(1 + \frac{\beta_1\theta + 2}{\sqrt{(\beta_1\theta)^2 + 4(1-\beta_1)\theta}}\right) > 0$$

明显地可见这个函数是单调递增的，在 $\beta_1 = 1$ 处得到最小值。并且有

$$J = \frac{\theta + \sqrt{(\theta)^2 + 4(1-\beta_1)\theta}}{2} = \theta \tag{4.61}$$

由式（4.59）、式（4.60）和式（4.61）可知，

$$J = \min\{\theta, \sqrt{\theta}\}$$

由于 $\theta < 1$，很容易知道最小值是 $J = \theta$。此时，$\beta_1 = 1$ 并且 $\beta_2 = 0$。定理证毕。

4.4.5 仿真与实验

本节中将测试 FASA 的收敛速率并且通过仿真实验来得出 FASA 的有效性。网络中的每个节点都装有频率为 5MHz、抖动间隔为 10ns 的时钟振荡器，实验装置如图 4.6 所示。将图 4.6 的 IGPS 基站网络系统装置写成对应的向量图形式，如图 4.12 所示。

选择 $\mathcal{V} = \{1, 2, 3, 4\}$，$\mathcal{E} = \{(1, 2), (2, 3), (3, 4), (4, 3), (4, 1)\}$，邻接矩阵 $\mathcal{A}$ 的元素为 $a_{21} > 0$，$a_{32} > 0$，$a_{43} > 0$，$a_{14} > 0$，其余位置的元素都

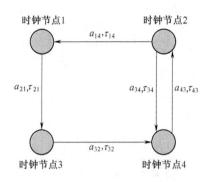

图 4.12 IGPS 四基站时钟网络向量图

是零。在此情况下网络的时钟同步控制器输入为

$$u_1(t) = f_1(\xi_1(t), \xi_4(t - \tau_{14}))$$
$$u_2(t) = f_2(\xi_2(t), \xi_1(t - \tau_{21}))$$
$$u_3(t) = f_3(\xi_3(t), \xi_2(t - \tau_{32}), \xi_4(t - \tau_{34}))$$
$$u_4(t) = f_4(\xi_4(t), \xi_1(t - \tau_{43}))$$

$\dot{\xi}_i(t)$ ($i = 1, 2, 3, 4$) 仅依赖于时钟节点状态,并且可由时钟节点 i 和延迟 τ_{ij} 来确定。由于在实际应用时通信导线之间的长度基本一致,因此假设每个导线的通信延迟相等,每隔 1s 外部的虚拟时钟节点会同时向四个网络中正在同步的时钟节点发出同步信号,并估计此时每个节点的 $\hat{\xi}_i$ 值大小,从绪论中可知 DTSP 和本章所提出的 FASA 相似。因此,在第一个仿真实验中,在 MATLAB 环境下测试该时钟网络中 FASA 和 DTSP 的性能关系。当 $(i, j) \in \mathcal{E}$ 时,选择四个时钟节点的初始输入状态为 $\xi_0 = [-9, -5, 10, 16]^T$, $a_{(i, j)} = 1$,$\tau_{ij} = 1s$。当四个时钟振荡器节点同时使用时钟同步算法时,时钟振荡器节点的同步值只取决于通信拓扑和初始状态大小。

由图 4.13 可见,随着时间的流逝,所有的时钟振荡器节点学习它们邻居节点的信息并且利用这些得到的信息来改进它们的性能。一段时间后,所有的节点彼此之间达到同步。图 4.13 所示是两种目前最好的时钟同步算法在相同条件下四个节点的状态轨迹对比情况,从图中可以明显地看出:在相同条件下,FASA 达到同步的时间要比 DTSP 快,所以 FASA 的性能要优于 DTSP。

第二个仿真实验考虑了在不同延迟下,应用 FASA 的时钟偏移和时钟偏差情况,并在 MATLAB 中产生正弦信号作出仿真。令参数 $\lambda_\mu = 0.25$,$\lambda_\omega = 0.2$,$\lambda_o = 0.3$,且当 $(i, j) \in \mathcal{E}$ 时,$a_{(i, j)} = 1$。图 4.14 绘制了每个时钟晶体振荡器节点 $\hat{\xi}_i(t)$ 及其节点瞬时平均值之间的误差。

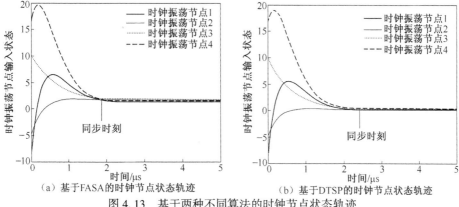

图 4.13　基于两种不同算法的时钟节点状态轨迹

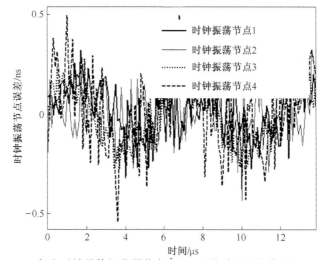

图 4.14　每个时钟晶体振荡器节点 $\hat{\xi}_i(t)$ 及其瞬时平均值之间的误差

显然，可以看到由于测量和量化误差的存在，与由量化误差限制的最大值相比，估计误差值较小。然后，考虑时钟晶体振荡器节点间存在不同通信延迟时，在FASA下每个时钟偏移和时钟偏差及其误差情况。图4.15（a）和（b）分别给出了FASA在 $\tau_{ij}=0.5s$ 时对每个时钟偏移及其误差分析情况；图4.16（a）和（b）分别给出了FASA在 $\tau_{ij}=0.5s$ 时对每个时钟偏差及其误差分析情况。图4.17（a）和（b）分别给出了FASA在 $\tau_{ij}=2.5s$ 时对每个时钟偏移及每个时钟偏移的分析情况。

从以上的仿真实验可以看出，时钟偏移和时钟偏差在FASA下明显得到了补偿；同时，也发现时钟晶体振荡器之间的延迟越小，同步的误差就会越小。

接下来在实际试验中，利用这套系统产生的方波信号在示波器上观察不同延迟情形的四个时钟晶体振荡器的信号。图4.18（a）所示是在示波器上看到的四个时钟晶体振荡器产生的方波信号,图 4.18(b)和(c)分别是在 $\tau_{ij}=0.5\mathrm{s}$ 和 $\tau_{ij}=2.5\mathrm{s}$ 时在 FASA 作用下的四个时钟晶体振荡器达到同步状态的信号。可以明显看到,在 FASA 的作用下四个时钟晶体振荡器的信号迅速同步。

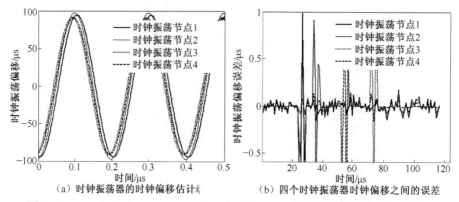

图 4.15　$\tau_{ij}=0.5\mathrm{s}$($i, j=1, 2, 3, 4$)时在 FASA 作用下的时钟偏移及其误差

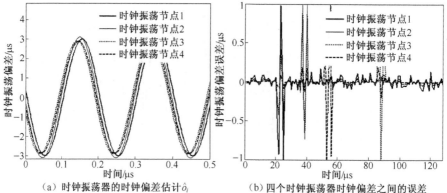

图 4.16　$\tau_{ij}=0.5\mathrm{s}$($i, j=1, 2, 3, 4$)时在 FASA 作用下的时钟偏差及其误差

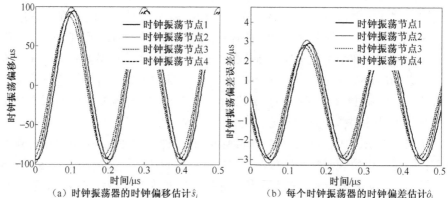

图 4.17　$\tau_{ij}=2.5\mathrm{s}$($i, j=1, 2, 3, 4$)时在 FASA 作用下的时钟偏移和时钟偏差估计

第4章 IGPS基站网络的时钟同步

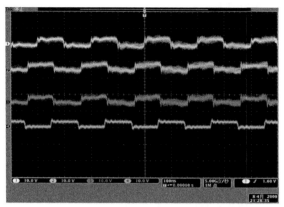

(a) 四个时钟晶体振荡器产生的方波信号

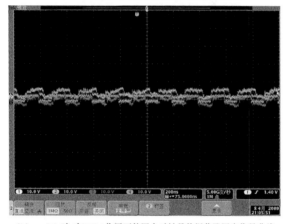

(b) $\tau_{ij}=0.5s$时,在FASA作用下的四个时钟晶体振荡器同步信号曲线

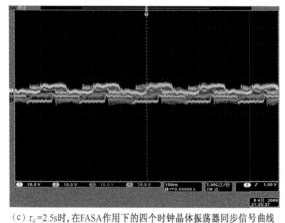

(c) $\tau_{ij}=2.5s$时,在FASA作用下的四个时钟晶体振荡器同步信号曲线

图 4.18 四个时钟晶体振荡器的方波信号

接下来,将FASA与一些典型的时钟同步算法在相同条件下进行比较并观

察收敛速率情况，例如 FTSP[57]、RBS[70]、RFA[71]和 DTSP[72]，仿真结果如图 4.19 所示。

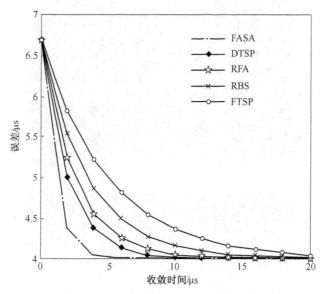

图 4.19 五种典型时钟同步算法收敛速率的比较

由图 4.19 可见，FASA 的收敛速率明显快于其他算法，这意味着 FASA 的性能优于其他的时钟同步算法。

在最后的实验中，给出每个时钟同步节点的读数值在 FASA 的作用下都收敛于一个"虚拟"参考时钟节点。预先设定"虚拟"参考时钟节点具有 50Hz 的频率，脉宽是 $100\mu s$ 的方波信号，如图 4.20 所示。然后，将 FASA 移植到每个时钟晶体振荡器上，每个时钟晶体振荡器在 FASA 下都交换彼此的时间信息值。在 1.7s 后，发现每个时钟晶体振荡器的读数和预先设定的"虚拟"参

图 4.20 预先设定"虚拟"参考时钟读数值

考时钟节点的读数是相同的，如图 4.21 所示，其中圈围住的是时钟同步误差大小。由实验结果可得，在 FASA 算法作用下的时钟同步误差很小。

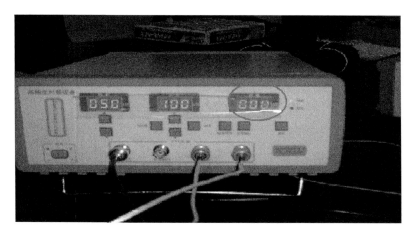

图 4.21　每个时钟节点的读数值

4.5　本章小结

本章主要研究了 IGPS 基站网络间时钟节点的同步问题，提出了两种时钟同步算法来解决 IGPS 基站间的时钟同步问题。一种是基于一种新的自适应的卡尔曼滤波时钟同步算法，将此算法与 IGPS 基站时钟参数估计相结合，可以在线实时修正和转换 IGPS 基站时钟之间的相位偏差和时钟偏移，并在观测值中找出最佳的适应曲线，而且使 Q、R 协方差矩阵在线适应高动态、高机动以及环境的多变性，为解决 IGPS 时钟同步问题提出了一种新的思路。为了提高时钟同步的快速性，借鉴了多智能体一致性理论，提出一种新颖的同步算法，即快速平均同步算法（FASA），它是一个分布式的在线的全局的算法，主要包括时钟偏移估计、时钟偏移补偿及其时钟偏差补偿。这个动态算法可由具有时滞的分割系统刻画。为了证明 FASA 的收敛性我们转化为证明这个动态网络在 Lyapunov 意义下的半稳定性。然后，通过鲁棒最优设计的方法来证明 FASA 的收敛速率。仿真实验结果表明，FASA 明显优于其他同类的分布式时钟同步算法。这两种算法都有各自的优缺点，第一种算法可以很好地处理噪声问题，但不适用于快速同步场合；第二种算法可以解决网络中不同通信延迟下的快速时钟同步问题，但难免会产生了一系列误差噪声。因此，我们认为开发一种本质更加局部化的、抗干扰性更强的新的分布式算法是网络时钟同步的一个研究方向。

第 5 章
一些不同类型节点的网络同步问题

5.1 引言

本章主要研究了一些复杂网络中不同类型的节点同步。首先，由于在实际的工程中，许多动力学系统可由状态变量随时间演化的微分方程来描述。这其中，相当一部分动力系统的状态变量之间存在时间滞后现象，即系统的发展变化趋势不仅依赖于系统当前的状态，也依赖于系统过去某一时刻的状态。近年来，时滞动力系统已成为重要的研究对象[177,178]。现有从工程技术、物理、力学、控制论、化学反应、生物医学等中提出的数学模型也往往带有明显的滞后量，而滞后又往往是造成系统不稳定的重要因素。时滞是导致系统不稳定的一个主要因素，其相关特性的分析也是近年来研究的热点之一。由于时滞动力系统的解空间是无限维的，其理论分析往往很困难[178-180]。因此，开展对带有时滞节点的复杂网络同步研究很有意义。Dhamala 等人发现通过改变时滞也可以提高系统的同步能力[181]，研究时假设系统节点间为线性耦合。浙江大学褚健[182,183]等人对确定性时滞系统的控制、不确定时滞系统的鲁棒性分析和镇定进行了研究，解决了一类非线性时滞系统的有记忆稳定化控制问题。在绪论中已经介绍过对复杂网络同步的研究是一个难题，虽然在这个研究领域中已经取得了一些研究成果，但该领域还有很多未探索的知识需要我们去研究，仍是一个比较新的领域。本章将首先用自适应控制原理的方法来实现复杂网络的同步。有关自适应控制的定义可简单地概括如下[184]：在系统工作过程中，系统本身能不断地检测系统参数或运行指标，并根据这些参数或运行指标的变化来改变控制参数或控制作用，使系统运行在最优或接近于最优的工作状态。自适应控制是一种控制方法，但它不是一般的系统状态反馈或系统输出反馈。由于自适应控制方法所依据的关于模型的先验知识比较少，需要在系统运行和控制过程中不断发现、提取并且逐渐完善有关模型的信息，所以说它是一种比较复杂的反馈控制。并且对于自适应控制系统，即使控制对象是线性定常系统，其自适应控制也是非线性时变反馈控制系统。自适应控制器能够根据控制量的变化调整控制器的内部参数，使得复杂网络中的某些参数得到自动调整，从而实现复杂网络的同步。

文献［185］针对不确定复杂网络提出几个局部和全局同步的自适应同步判据，并设计了形式很简单的自适应同步控制器。文献［186］针对连续时间线性耦合复杂网络的同步特性展开研究工作，并通过设计有效的控制策略来获得具较高同步化能力的网络模型，而且分析了网络中的各种拓扑结构特性对网络同步性能的影响。

此外，针对多机器人系统、多电机系统、多传感器系统以及多发电厂之间的电网系统等类的复杂网络系统也进行了研究。以上系统之间的共同之处就是都可以认为是由单个智能体节点组成的复杂网络系统，并且经常涉及分布式控制器。这些单个节点之间必须按照一定的协议进行协调和控制，才能保证整个系统进行有效、合理和有序的运行。通过多台机器的合作，才可以完成许多单台机器所不能完成的复杂任务[187-189]。如果系统之间不能相互协调和配合，那么整个系统将不能正常和稳定地工作。因此，分布式网络系统的同步控制问题逐渐成为当前的一个研究热点。特别是对于多机器人系统，机器人之间的协调和合作具有更好的时间和空间分布的特性，而在多机器人系统中各个机器人的传感器信息可以有效互补，使整个系统具有更高的数据冗余度和更好的鲁棒性。因此，研究这些复杂网络之间的同步性有着至关重要的理论意义和现实作用。

目前，有很多学者通过应用图理论和矩阵理论来展开这方面的研究，文献［190］从理论上解释了 Vicsek 模型所表现出的同步特性。文献［114］考虑各个智能体为一阶对象，且通信拓扑图为平衡图时，研究了多智能体系统的平均一致性问题。文献［191］和文献［192］推广了文献［114］和文献［190］的结论，放宽了实现同步控制的条件。文献［193］通过运用 Lyapunov 方法，研究了时变通信拓扑下的多智能体系统一致性控制问题。更多的研究结果可参考近来的综述文章[194,195]。但是，当复杂网络中智能体节点为二阶以上积分型对象时，网络同步问题就变得更具有挑战性。文献［196］~［206］将同步算法推广到具有多个二阶积分型对象的分布式控制系统中。众所周知，对于二阶运动体，惯性量是控制器设计中的一个重要参数。已有的文献大都假设分布式复杂网络中各个运动体的惯性量均相等。当运动体的惯性量不相等时，文献［199］研究了分布式控制器的设计问题，并提出当智能惯性体之间存在不可忽视的通信延迟时，同步问题就变得更加复杂。文献［114］和文献［207］研究了具有固定拓扑无向时滞网络的分布式系统平均同步控制问题。文献［193］、文献［196］和文献［208］~［210］都考虑了有向网络下的通信延迟问题。且文献［208］进一步研究了时变延迟切换通信拓扑下的平均同步问题，文献［211］中考虑了二阶智能体节点在固定延迟和固定拓扑下的同步问题，并给出了充分条件。

本章首先在其他学者研究基础上，考虑复杂网络结构的不确定性以及含时滞节点和延迟耦合结构的非线性网络同步问题的影响，探讨了带时滞节点和耦合结构未知但是有界的非线性复杂网络的同步问题；基于Lyapunov稳定性定理，提出带时滞节点和延迟耦合的不确定同步控制的充分条件，设计了自适应控制器。所设计的控制器不仅有效解决了复杂网络的同步问题，而且其设计结果与网络拓扑结构无关，可使这种复杂网络实现局部或全局渐近同步，并以一典型的环状网络结构和M-G系统[212]为节点证明了该方法的有效性。针对含二阶智能体惯性节点的复杂网络，研究了这种网络的指数二阶同步问题。采用分解变化技术将智能体节点的惯性作用合成到分布式同步控制器的设计中。对具有任意切换通信拓扑、拓扑图为平衡图且考虑通信时变延迟的复杂网络，给出了实现指数二阶同步的充分条件，数值仿真实例进一步解释了理论结果。

5.2　自适应同步分析与控制器设计

5.2.1　含时滞节点和耦合延迟网络模型描述

文献［96］考虑一个由 N 个相同时滞节点组成的非线性复杂网络，若以如下形式进行耦合：

$$\dot{x}_i = f(x_i, t) + g_i(x_1, x_2, \cdots, x_N) + u_i(t), \quad t \geq 0, 1 \leq i \leq N \quad (5.1)$$

式中：$x_i = (x_{i1}, x_{i2}, \cdots, x_{in})^T \in \mathbb{R}^n$ 表示第 i 个节点的状态向量；$f: \Omega \times \mathbb{R}^+ \rightarrow \mathbb{R}^n$ 表示一个平滑的非线性矢量函数；$g_i: \mathbb{R}^m \rightarrow \mathbb{R}^n (m = nN)$ 表示平滑的未知非线性耦合函数；$u_i(t) \in \mathbb{R}^n (1 \leq i \leq N)$ 表示控制输入。

当网络达到同步时，即当 $t \rightarrow \infty$ 时，$x_1(t) = x_2(t) = \cdots = x_N(t)$，此时耦合控制项将消失，即

$$g_i(x_1, x_2, \cdots, x_N) + u_i(t) = 0 \quad (5.2)$$

这就保证了任意单独孤立节点的解 $x_i(t)$ 也是同步耦合网络的解。

由引言部分叙述可知，在实际网络中会有时滞现象，在式（5.1）的模型中增加了时滞项后，复杂网络模型可以表示为

$$\begin{aligned}\dot{x}_i = &f_1(x_i, t) + f_2(x_i(t-\tau), t) + \\ &g_i(x_1(t-\tau), x_2(t-\tau), \cdots, x_N(t-\tau)) + u_i(t)\end{aligned} \quad (5.3)$$

式中：$x_i = (x_{i1}, x_{i2}, \cdots, x_{in})^T \in \mathbb{R}^n$ 表示第 i 个节点的状态向量；$f_k: \Omega \times \mathbb{R}^+ \to \mathbb{R}^n (k=1, 2)$ 表示连续的非线性函数；$g_i: \mathbb{R}^m \to \mathbb{R}^n (m=nN)$ 表示未知连续非线性耦合函数；$\tau \geq 0$ 是滞后环节项；$u_i(t) \in \mathbb{R}^n (1 \leq i \leq N)$ 表示控制输入。

显然，当复杂网络同步时，有 $x_1(t) = x_2(t) = \cdots = x_N(t)$，此时耦合和控制项将消失，即 $g_i(x_1(t-\tau), x_2(t-\tau), \cdots, x_N(t-\tau)) + u_i(t) = 0$。

类似于文献 [96] 有如下的定义和假设。

定义 5.2.1 令 $\xi(t)$ 是复杂网络 (5.3) 的一个唯一存在的解，并且满足以下方程：

$$\dot{\xi}(t) = f_1(\xi(t), t) + f_2(\xi(t-\tau), t) \tag{5.4}$$

式中：$\xi(t)$ 可以是一个平衡点、一个不规则周期轨道或者一个混沌轨道。

定义 5.2.2 若存在一个非空子集 $D \subseteq \mathbb{R}$，并且对任意 $t \geq 0$，$\tau \geq 0$ 都有 $\xi(t) \in \mathbb{R}$，并有下式成立：

$$\lim_{t \to \infty} \|x_i(t) - \xi(t)\|_2 = 0, \quad 1 \leq i \leq N \tag{5.5}$$

那么，复杂网络 (5.3) 的解渐近同步于式 (5.5)。$D \times \cdots \times D$ 称为复杂网络 (5.3) 的同步区域。

将式 (5.3) 与式 (5.5) 相减，可以得到如下误差方程：

$$\dot{e}_i(t) = \bar{f}_1(x_i, \xi) + \bar{f}_2(x_i(t-\tau), \xi) + \bar{g}_i(x_1(t-\tau), x_2(t-\tau), \cdots, x_N(t-\tau), \xi) + u_i(t) \tag{5.6}$$

其中 $\bar{g}_i(x_1(t-\tau), x_2(t-\tau), \cdots, x_N(t-\tau), \xi)$
$= g_i(x_1(t-\tau), x_2(t-\tau), \cdots, x_N(t-\tau), \xi) - g_i(\xi, \xi, \cdots, \xi, \xi) \bar{f}_1(x_i, \xi)$
$= f_1(x_i, t) - f_1(\xi, t)$
$\bar{f}_2(x_i(t-\tau), \xi) = f_2(x_i(t-\tau), t) - f_2(\xi(t-\tau), t)$

在同步状态 $\xi(t, \tau)$ 处线性化式 (5.6) 可得

$$\dot{e}_i(t) = A(t)e_i(t) + B(t)e_i(t-\tau) + \bar{g}_i(x_1(t-\tau), x_2(t-\tau), \cdots, x_N(t-\tau), \xi) + u_i(t) \tag{5.7}$$

其中 $\|A(t)\|_2 = \|Df_1(\xi, t)\|_2$，$\|B(t)\|_2 = \|Df_2(\xi, t)\|_2$

式中：$A(t)$ 是 f_1 在 $\xi(t)$ 处的雅克比矩阵；$B(t)$ 是 f_2 在 $\xi(t)$ 处的雅克比矩阵，并且有 $e_i(t) = x_i(t) - \xi(t)$。

为了后续研究工作的方便提出以下几条假设。

假设 5.2.1 假设 $\|A(t)\|_2$ 和 $\|B(t)\|_2$ 是有界的，即存在非负常数 α 和 β 满足 $\|A(t)\|_2 \leq \alpha$ 和 $\|B(t)\|_2 \leq \beta$。

假设 5.2.2 假设非线性函数 $g(\cdot)$ 是 Lipschitz 连续的，即 $\forall x_i, x_j \in \mathbb{R}^n$，有下式成立：

$$\| g(x_i, t) - g(x_j, t) \|_2 \leqslant \mu_{ij} \| x_i(t) - x_j(t) \|_2 \tag{5.8}$$

因此，根据式（5.8）可得：

$$\| \bar{g}_i(x_1(t-\tau), x_2(t-\tau), \cdots, x_N(t-\tau), \xi) \|_2 \leqslant \sum_{j=1}^{N} \mu_{ij} \| e_j(t-\tau) \|_2 \tag{5.9}$$

式中：μ_{ij} 是非负的 Lipschitz 常数，$1 \leqslant i \leqslant N$，$1 \leqslant j \leqslant N$。

5.2.2 含时滞节点和耦合延迟网络的局部同步结果

首先，考虑式（5.2）的网络方程，假设网络中所有节点没有能量损失，那么第 $i(1 \leqslant i \leqslant N)$ 个节点由以下的自适应控制器控制：

$$\begin{cases} u_i(t) = -\zeta_i e_i(t) \\ \dot{\zeta}_i = k_i \| e_i(t) \|_2^2 \end{cases} \tag{5.10}$$

式中：ζ_i 和 $k_i (i = 1, 2, \cdots, N)$ 为正的常数，因此式（5.2）可被改写为

$$\begin{cases} \dot{x}_i = f_1(x_i, t) + f_2(x_i(t-\tau), t) + \\ \quad g_i(x_1(t-\tau), x_2(t-\tau), \cdots, x_N(t-\tau)) - \zeta_i e_i(t) \\ \dot{\zeta}_i = k_i \| e_i(t) \|_2^2 \end{cases} \tag{5.11}$$

$$\begin{cases} \dot{e}_i(t) = A(t) e_i + B(t) e_i(t-\tau) + \\ \quad \bar{g}_i(x_1(t-\tau), x_2(t-\tau), \cdots, x_N(t-\tau)) - \zeta_i e_i(t) \\ \dot{\zeta}_i = k_i \| e_i(t) \|_2^2 \end{cases} \tag{5.12}$$

当参数 $\mu_{ij}(1 \leqslant i \leqslant N, 1 \leqslant j \leqslant N)$ 已知时，有以下定理存在。

定理 5.2.1 如果假设 5.2.1 和假设 5.2.2 成立，那么在式（5.10）自适应控制器的作用下复杂网络（5.2）会达到局部渐近稳定。

证明： 选择如下的 Lyapunov 函数：

$$V(e, t, \tau) = \frac{1}{2} \sum_{i=1}^{N} e_i^{\mathrm{T}}(t) e_i(t) + \sum_{i=1}^{N} \int_{t-\tau}^{t} e_i^{\mathrm{T}}(s) \mathbf{H} e_i(s) \mathrm{d}s + \frac{1}{2} \sum_{i=1}^{N} \frac{(\zeta_i - \hat{\zeta}_i)^2}{k_i} \tag{5.13}$$

式中：$e(t) = (\| e_1(t) \|, \| e_2(t) \|, \cdots, \| e_N(t) \|, \| e_1(t-\tau) \|, \| e_2(t-\tau) \|, \cdots, \| e_N(t-\tau) \|)^{\mathrm{T}}$，$\hat{\zeta}_i$ 和 $k_i (i = 1, 2, \cdots, N)$ 均为正的常数，$\mathbf{H} \in \mathbb{R}^{n \times n}$ 为需要确定的正定矩阵。因此，沿着式（5.6）解得 $V(e, t, \tau)$ 的时间导数为

$$\begin{aligned}&\dot V(e,t,\tau)\\ =&\frac{1}{2}\sum_{i=1}^{N}(\dot e_i^{\mathrm T}(t)e_i(t)+e_i^{\mathrm T}(t)\dot e_i(t))+\\ &\sum_{i=1}^{N}[e_i^{\mathrm T}(t)\mathrm He_i(t)-e_i^{\mathrm T}(t-\tau)\mathrm He_i(t-\tau)]-\sum_{i=1}^{N}\frac{(\zeta_i-\hat\zeta_i)\dot{\hat\zeta}_i}{k_i}\\ =&\frac{1}{2}\sum_{i=1}^{N}[(A(t)e_i(t)+B(t)e_i(t-\tau)+g_i(x_1(t-\tau),x_2(t-\tau),\cdots,\\ &x_N(t-\tau),\xi)+u_i(t))^{\mathrm T}e_i(t)+e_i^{\mathrm T}(t)(A(t)e_i(t)+B(t)e_i(t-\tau)+\\ &g_i(x_1(t-\tau),x_2(t-\tau),\cdots,x_N(t-\tau),\xi)+u_i(t))]+\\ &\sum_{i=1}^{N}[e_i^{\mathrm T}(t)\mathrm He_i(t)-e_i^{\mathrm T}(t-\tau)\mathrm He_i(t-\tau)]-\sum_{i=1}^{N}\frac{(\zeta_i-\hat\zeta_i)\dot{\hat\zeta}_i}{k_i}\\ =&\frac{1}{2}\sum_{i=1}^{N}e_i^{\mathrm T}(t)[A^{\mathrm T}(t)+A(t)+2\mathrm H]e_i(t)+\\ &\sum_{i=1}^{N}[e_i^{\mathrm T}(t-\tau)B^{\mathrm T}(t)e_i(t)+e_i^{\mathrm T}(t)B(t)e_i(t-\tau)]+\\ &\sum_{i=1}^{N}e_i^{\mathrm T}(t)g_i(x_1(t-\tau),x_2(t-\tau),\cdots,x_N(t-\tau),\xi)+\\ &\sum_{i=1}^{N}e_i^{\mathrm T}(t)u_i(t)-\sum_{i=1}^{N}e_i^{\mathrm T}(t-\tau)\mathrm He_i(t-\tau)-\sum_{i=1}^{N}\frac{(\zeta_i-\hat\zeta_i)\dot{\hat\zeta}_i}{k_i}\end{aligned}$$

(5.14)

把自适应控制器式(5.10)代入式(5.14)中可得

$$\begin{aligned}&\dot V(e,t,\tau)\\ =&\sum_{i=1}^{N}e_i^{\mathrm T}(t)\Big[\frac{A^{\mathrm T}(t)+A(t)}{2}+\mathrm H\Big]e_i(t)+\\ &\sum_{i=1}^{N}[e_i^{\mathrm T}(t-\tau)B^{\mathrm T}(t)e_i(t)+e_i^{\mathrm T}(t)B(t)e_i(t-\tau)]+\\ &\sum_{i=1}^{N}e_i^{\mathrm T}(t)g_i(x_1(t-\tau),x_2(t-\tau),\cdots,x_N(t-\tau),\xi)+\\ &\sum_{i=1}^{N}\zeta_i e_i^{\mathrm T}(t)e_i(t)-\sum_{i=1}^{N}e_i^{\mathrm T}(t-\tau)\mathrm He_i(t-\tau)-\sum_{i=1}^{N}(\zeta_i-\hat\zeta_i)e_i^{\mathrm T}(t)e_i(t)\\ =&\sum_{i=1}^{N}e_i^{\mathrm T}(t)\Big[\frac{A^{\mathrm T}(t)+A(t)}{2}+\mathrm H-\hat\zeta_i I_{n\times n}\Big]e_i(t)+\\ &\sum_{i=1}^{N}[e_i^{\mathrm T}(t-\tau)B^{\mathrm T}(t)e_i(t)+e_i^{\mathrm T}(t)B(t)e_i(t-\tau)]-\\ &\sum_{i=1}^{N}e_i^{\mathrm T}(t-\tau)\mathrm He_i(t-\tau)+\\ &\sum_{i=1}^{N}e_i^{\mathrm T}(t)g_i(x_1(t-\tau),x_2(t-\tau),\cdots,x_N(t-\tau),\xi)\end{aligned}$$

根据假设 5.2.1、假设 5.2.2 以及引理 2.4.1，并且选择 $H = \varepsilon I_{n \times n}$，其中常数 $\varepsilon > 0$ 可以得到：

$$\dot{V}(e, t, \tau)$$

$$\leqslant \sum_{i=1}^{N} e_i^T(t) \left[\frac{A^T(t) + A(t)}{2} + (\varepsilon - \hat{\zeta}_i) I_{n \times n} \right] e_i(t) +$$

$$\frac{1}{2} \sum_{i=1}^{N} \left[e_i^T(t-\tau)(B^T B + I) e_i(t-\tau) + e_i^T(t)(B^T B + I) e_i(t) \right] +$$

$$\sum_{i=1}^{N} \sum_{j=1}^{N} \mu_{ij} \| e_i(t) \|_2 \| e_j(t-\tau) \|_2 - \sum_{i=1}^{N} e_i^T(t-\tau) H e_i(t-\tau) \tag{5.15}$$

$$\leqslant \sum_{i=1}^{N} (\alpha + \varepsilon + \beta^2 + 1 - \hat{\zeta}_i) \| e_i(t) \|_2^2 +$$

$$\sum_{i=1}^{N} \sum_{j=1}^{N} \mu_{ij} \| e_i(t) \|_2 \| e_j(t-\tau) \|_2 - \frac{\beta^2 - \varepsilon + 1}{2} \sum_{i=1}^{N} \| e_i(t-\tau) \|_2^2$$

$$= e^T(t) \left(diag \{ \alpha + \varepsilon + \beta^2 + 1 - \hat{\zeta}_1, \cdots, \alpha + \varepsilon + \beta^2 + 1 - \hat{\zeta}_N, \right.$$

$$\left. -\frac{\beta^2 - \varepsilon + 1}{2}, \cdots, -\frac{\beta^2 - \varepsilon + 1}{2} \} + P \right) e(t)$$

其中 $P = \begin{pmatrix} 0 & \frac{\Gamma}{2} \\ \frac{\Gamma}{2} & 0 \end{pmatrix}$, $\Gamma = (\mu_{ij})_{N \times N}$

因此，可以选择合适的常数 $\hat{\zeta}_i (i = 1, 2, \cdots, N)$ 以及 $\varepsilon > 0$ 使得以下对角阵 $diag \{ \alpha + \varepsilon + \beta^2 + 1 - \hat{\zeta}_1, \cdots, \alpha + \varepsilon + \beta^2 + 1 - \hat{\zeta}_N, -\frac{\beta^2 - \varepsilon + 1}{2}, \cdots,$
$-\frac{\beta^2 - \varepsilon + 1}{2} \} + P$ 为负定矩阵。此式说明 $\zeta_i (i = 1, 2, \cdots, N)$ 是一致有界的，并且误差系统（5.7）在自适应控制器（5.10）的作用下是渐近稳定的。通过运用 Lyapunov 方法，可明显地看到在自适应控制器（5.10）的作用下，误差系统（5.6）也是渐近稳定的。从而得出 $e = 0$ 是误差系统（5.7）的一个渐近稳定平衡点，同时也可以推出 $e = 0$ 也是系统（5.6）的一个渐近稳定平衡点。定理证毕。

以上的稳定性判据是延迟独立的。在具有不同时滞的耦合复杂网络，式（5.16）也可以使用自适应控制器（5.10）来同步：

$$\dot{x}_i = f_1(x_i, t) + f_2(x_i(t-\tau), t) + g_i(x_1(t-\tau_1), x_2(t-\tau_2), \cdots,$$
$$x_N(t-\tau_N)) + u_i(t) \tag{5.16}$$

式中，$\tau_i > 0 (i = 1, 2, \cdots, N)$ 是耦合延迟，证明方法和**定理 5.2.1** 相似。从

定理 5.2.1 可以得出，这类复杂网络的同步主要依靠三个基本的参数：复杂网络节点的动态特性（α，β，ε）、自适应控制器的动态参数（ζ）以及网络结构参数（μ_{ij}）。

综上所述，可以看出，对于含时滞节点和耦合延迟结构的网络可以实现局部同步，即在自适应控制器式（5.10）的作用下实现复杂网络同步。

5.2.3 含时滞节点和耦合延迟网络的全局同步结果

在此部分中，讨论含时滞节点和耦合延迟网络的全局同步问题，网络结构如下所示：

$$\dot{x}_i = f_1(x_i, t) + f_2(x_i(t-\tau), t) + h_1(x_i, t) + h_2(x_i(t-\tau), t) + g_i(x_1(t-\tau), x_2(t-\tau), \cdots, x_N(t-\tau)) + u_i(t) \tag{5.17}$$

式中：h_i：$\mathbb{R}^n \times \mathbb{R}^+ \rightarrow \mathbb{R}^n (i=1,2)$ 为未知的且光滑的函数，根据 5.2.1 节的推导过程，可以计算出式（5.10）的误差动态方程，即

$$\dot{e}_i(t) = A(t)e_i(t) + B(t)e_i(t-\tau) + h_1(x_i, \xi) + h_2(x_i(t-\tau), \xi) + g_i(x_1(t-\tau), x_2(t-\tau), \cdots, x_N(t-\tau)) + u_i(t) \tag{5.18}$$

其中
$$h_1(x_i, \xi) = h_1(x_i, t) - h_1(\xi, t)$$
$$h_2(x_i(t-\tau), \xi) = h_2(x_i(t-\tau), t) - h_2(\xi, t)$$

其他部分的定义和 5.2.1 节中定义的一样。

假设 5.2.3　（见文献 [213]）假设存在未知但非负的常数 $\gamma_i (i=1, 2, \cdots, N)$ 满足：

$$\|h_1(x_i, \xi)\|_2 \leqslant \gamma_i \|e_i(t)\|_2$$
$$\|h_2(x_i(t-\tau), \xi)\|_2 \leqslant \gamma_i \|e_i(t-\tau)\|_2, \quad i=1, 2, \cdots, N$$

以下定理给出了网络（5.17）的全局同步判据方法。

定理 5.2.2　如果假设 5.2.1、假设 5.2.2 和假设 5.2.3 成立，那么在式（5.10）自适应控制器的作用下复杂网络（5.17）会达到全局渐近稳定。

证明：选择如下的 Lyapunov 函数：

$$V(e, t, \tau) = \frac{1}{2}\sum_{i=1}^{N} e_i^{\mathrm{T}}(t)e_i(t) + \sum_{i=1}^{N} \int_{t-\tau}^{t} e_i^{\mathrm{T}}(s)He_i(s)\mathrm{d}s + \frac{1}{2}\sum_{i=1}^{N} \frac{(\zeta_i - \hat{\zeta}_i)^2}{k_i} \tag{5.19}$$

式中：$e(t) = (\|e_1(t)\|, \|e_2(t)\|, \cdots, \|e_N(t)\|, \|e_1(t-\tau)\|, \|e_2(t-\tau)\|, \cdots, \|e_N(t-\tau)\|)^{\mathrm{T}}$；$\hat{\zeta}_i$ 和 $k_i (i=1, 2, \cdots, N)$ 均为正的常数；$H \in \mathbb{R}^{n \times n}$ 为需要确定的正定矩阵。因此，沿着式（5.6）解得 $V(e, t, \tau)$ 的时间导数为

$$\begin{aligned}
&\dot{V}(e,t,\tau)\\
&=\frac{1}{2}\sum_{i=1}^{N}(\dot{e}_i^{\mathrm{T}}(t)e_i(t)+e_i^{\mathrm{T}}(t)\dot{e}_i(t))+\sum_{i=1}^{N}[e_i^{\mathrm{T}}(t)He_i(t)-e_i^{\mathrm{T}}(t-\tau)He_i(t-\tau)]-\\
&\quad\sum_{i=1}^{N}\frac{(\zeta_i-\hat{\zeta}_i)\dot{\hat{\zeta}}_i}{k_i}\\
&=\frac{1}{2}\sum_{i=1}^{N}[(A(t)e_i(t)+B(t)e_i(t-\tau)+h_1(x_i,\xi)+h_2(x_i(t-\tau),\xi)+\\
&\quad g_i(x_1(t-\tau),x_2(t-\tau),\cdots,x_N(t-\tau))+u_i(t))^{\mathrm{T}}e_i(t)+\\
&\quad e_i^{\mathrm{T}}(t)(A(t)e_i(t)+B(t)e_i(t-\tau)+h_1(x_i,\xi)+h_2(x_i(t-\tau),\xi)+\\
&\quad g_i(x_1(t-\tau),x_2(t-\tau),\cdots,x_N(t-\tau),\xi)+u_i(t))]+\\
&\quad \sum_{i=1}^{N}[e_i^{\mathrm{T}}(t)He_i(t)-e_i^{\mathrm{T}}(t-\tau)He_i(t-\tau)]-\sum_{i=1}^{N}\frac{(\zeta_i-\hat{\zeta}_i)\dot{\hat{\zeta}}_i}{k_i}\\
&=\frac{1}{2}\sum_{i=1}^{N}e_i^{\mathrm{T}}(t)[A^{\mathrm{T}}(t)+A(t)+2H]e_i(t)+\\
&\quad \sum_{i=1}^{N}[e_i^{\mathrm{T}}(t-\tau)B^{\mathrm{T}}(t)e_i(t)+e_i^{\mathrm{T}}(t)B(t)e_i(t-\tau)]+\\
&\quad \sum_{i=1}^{N}e_i^{\mathrm{T}}(t)g_i(x_1(t-\tau),x_2(t-\tau),\cdots,x_N(t-\tau),\xi)+\\
&\quad \sum_{i=1}^{N}e_i^{\mathrm{T}}(t)[h_1(x_i,\xi)+h_2(x_i(t-\tau),\xi)]+\\
&\quad \sum_{i=1}^{N}e_i^{\mathrm{T}}(t)u_i(t)-\sum_{i=1}^{N}e_i^{\mathrm{T}}(t-\tau)He_i(t-\tau)-\sum_{i=1}^{N}\frac{(\zeta_i-\hat{\zeta}_i)\dot{\hat{\zeta}}_i}{k_i}
\end{aligned}$$

(5.20)

将自适应控制器式 (5.3) 代入式 (5.13) 中可得:

$$\begin{aligned}
\dot{V}(e,t,\tau)&=\sum_{i=1}^{N}e_i^{\mathrm{T}}(t)\Big[\frac{A^{\mathrm{T}}(t)+A(t)}{2}+H\Big]e_i(t)+\\
&\quad \sum_{i=1}^{N}[e_i^{\mathrm{T}}(t-\tau)B^{\mathrm{T}}(t)e_i(t)+e_i^{\mathrm{T}}(t)B(t)e_i(t-\tau)]+\\
&\quad \sum_{i=1}^{N}e_i^{\mathrm{T}}(t)g_i(x_1(t-\tau),x_2(t-\tau),\cdots,x_N(t-\tau),\xi)+\\
&\quad \sum_{i=1}^{N}e_i^{\mathrm{T}}(t)[h_1(x_i,\xi)+h_2(x_i(t-\tau),\xi)]+\\
&\quad \sum_{i=1}^{N}\zeta_i e_i^{\mathrm{T}}(t)e_i(t)-\sum_{i=1}^{N}e_i^{\mathrm{T}}(t-\tau)Qe_i(t-\tau)-\\
&\quad \sum_{i=1}^{N}(\zeta_i-\hat{\zeta}_i)e_i^{\mathrm{T}}(t)e_i(t)
\end{aligned}$$

根据假设 5.2.2 和假设 5.2.3 以及引理 2.4.1，并且选择 $H = \varepsilon I_{n\times n}$ ($\varepsilon>0$)，可以得到：

$$\begin{aligned}\dot{V}(e, t, \tau) &\leq \sum_{i=1}^{N} e_i^{\mathrm{T}}(t)\left[\frac{A^{\mathrm{T}}(t)+A(t)}{2} + (\varepsilon + \gamma_i - \hat{\zeta}_i)I_{n\times n}\right]e_i(t) + \\ &\quad \frac{1}{2}\sum_{i=1}^{N}\left[e_i^{\mathrm{T}}(t-\tau)(B^{\mathrm{T}}B+I)e_i(t-\tau) + e_i^{\mathrm{T}}(t)(B^{\mathrm{T}}B+I)e_i(t)\right] + \\ &\quad \sum_{i=1}^{N}\sum_{j=1}^{N}(\mu_{ij}+\gamma_i)\|e_i(t)\|_2\|e_j(t-\tau)\|_2 + \sum_{i=1}^{N}\gamma_i\|e_i(t)\|_2^2 - \\ &\quad \sum_{i=1}^{N} e_i^{\mathrm{T}}(t-\tau)He_i(t-\tau) \\ &\leq \sum_{i=1}^{N}(\alpha+\varepsilon+\beta^2+\gamma_i+1-\hat{\zeta}_i)\|e_i(t)\|_2^2 + \\ &\quad \sum_{i=1}^{N}\sum_{j=1}^{N}(\mu_{ij}+\gamma_i)\|e_i(t)\|_2\|e_j(t-\tau)\|_2 - \\ &\quad \frac{\beta^2-\varepsilon+1}{2}\sum_{i=1}^{N}\|e_i(t-\tau)\|_2^2 \\ &= e^{\mathrm{T}}(t)(\operatorname{diag}\{\alpha+\varepsilon+\beta^2+\gamma_i+1-\hat{\zeta}_1, \cdots, \alpha+\varepsilon+\beta^2+\gamma_i+1-\hat{\zeta}_N, \\ &\quad -\frac{\beta^2-\varepsilon+1}{2}, \cdots, -\frac{\beta^2-\varepsilon+1}{2}\} + P)e(t) \end{aligned}$$

(5.21)

其中 $P = \begin{pmatrix} 0 & \dfrac{\Gamma}{2} \\ \dfrac{\Gamma}{2} & 0 \end{pmatrix}$，$\Gamma = (\mu_{ij}+\gamma_i)_{N\times N}$

因此，可以选择合适的常数 $\hat{\zeta}_i(i=1, 2, \cdots, N)$ 以及 $\varepsilon > 0$ 使得对角阵 $\operatorname{diag}\{\alpha+\varepsilon+\beta^2+\gamma_i+1-\hat{\zeta}_1, \cdots, \alpha+\varepsilon+\beta^2+\gamma_i+1-\hat{\zeta}_N, -\dfrac{\beta^2-\varepsilon+1}{2}, \cdots, -\dfrac{\beta^2-\varepsilon+1}{2}\} + P$ 为负定矩阵，此式说明 $\zeta_i(i=1, 2, \cdots, N)$ 是一致有界的。通过运用 Lyapunov 方法，误差系统（5.18）在自适应控制器（5.10）的作用下是渐近稳定的，即 $\lim\limits_{t\to\infty}\|e_i(t)\| = 0$, $i=1, 2, \cdots, N$。从而得出 $e = 0$ 是误差系统（5.18）的一个渐近稳定平衡点。定理证毕。

5.2.4 数值仿真

MATLAB 是一套高性能的数值计算和可视化软件，用户可以根据自己编程的需要在其中建立和编写指定的 M 文件[214]。本书是以 M-G 系统作为节点组成的网络，首先写出网络的数学方程，其次选择一些自适应控制器的参数，最后根据该方程利用 MATLAB 进行仿真分析。

M-G 系统来自于方程[195]：

$$\dot{x}(t) = -px(t) + q[x(t-\tau) - x^3(t-\tau)] \tag{5.22}$$

当 $p = 0.33$，$q = 1.33$，$\tau = 4$ 时系统（5.22）变成混沌状态，此时系统有三个不稳定的解[215]：

$$\bar{x}_1 = 0, \quad \bar{x}_{2,3} = \pm\left(1 - \frac{p}{q}\right)^{1/2}$$

此时，每个 M-G 节点达到混沌状态的轨迹如图 5.1 所示。

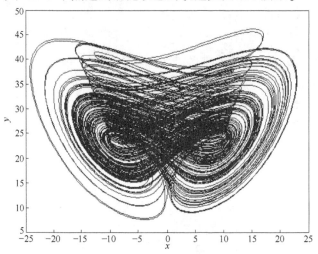

图 5.1　每个节点达到混沌状态的轨迹图

选择一个具有 50 个节点的环状网络作为实验对象，因为这种网络是众多典型的规则网络中的一种，而且是一个普通的数学模型[203]，该模型可以代表很多物理模型，假设这个网络满足以下的条件：

（1）复杂网络耦合函数形式为

$$g_i((x_1(t-\tau), x_2(t-\tau), \cdots, x_N(t-\tau)) = \sum_{j=1}^{N} \mu_{ij} x_j(t-\tau)$$

（2）满足**假设 5.2.1** 和**假设 5.2.2** 的条件。

（3）每个节点的动力学方程均是 M-G 系统，且节点间的连接强度是 0.1。

其网络结构如图 5.2 所示。

那么该复杂网络的状态方程可以写为

$$\begin{cases} \dot{x}_1(t) = -0.33x_1(t) + 1.33[x_1(t-\tau) - x_1^3(t-\tau)] + 0.1x_2(t) + 0.1x_{50}(t) + u_1(t) \\ \dot{x}_2(t) = -0.33x_2(t) + 1.33[x_2(t-\tau) - x_2^3(t-\tau)] + 0.1x_1(t) + 0.1x_3(t) + u_2(t) \\ \dot{x}_3(t) = -0.33x_3(t) + 1.33[x_3(t-\tau) - x_3^3(t-\tau)] + 0.1x_2(t) + 0.1x_4(t) + u_3(t) \\ \quad\vdots \\ \dot{x}_{50}(t) = -0.33x_{50}(t) + 1.33[x_{50}(t-\tau) - x_{50}^3(t-\tau)] + 0.1x_1(t) + 0.1x_{49}(t) + u_4(t) \end{cases}$$

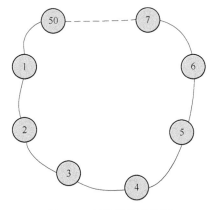

图 5.2 环状网络结构图

由第 1 章所述可知,此类网络很难同步,图 5.3 给出了此环状网络在 $\tau=0.5$ 时没有同步控制器下的状态响应,很明显地看出网络不同步。

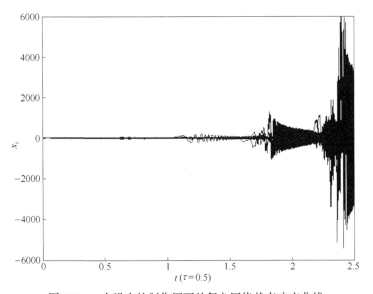

图 5.3 x_i 在没有控制作用下的复杂网络状态响应曲线

选择的同步目标节点为 $x=\sqrt{1-\dfrac{p}{q}}\approx 0.867$。令 $k_i=25$,$\zeta_i(0)=10$,那么根据**定理 5.2.2** 可知此复杂网络在自适应控制器(5.10)作用下是局部渐近同步的。利用 MATLAB 对复杂网络进行自适应同步仿真分析,以证明该自适应控制器能使复杂网络同步在指定的混沌节点的轨迹上,如果仿真结果正确,则证明该控制器是有效的。图 5.4 和图 5.5 分别给出了 $\tau=0.1$ 和 $\tau=0.5$ 时的同步误差曲线图($i=1,2,\cdots,50$)。

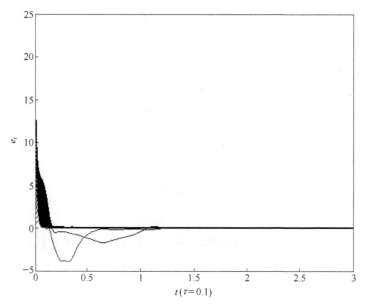

图 5.4 在自适应控制器 (5.10) 作用下 $\tau=0.1$ 时的复杂网络同步误差曲线

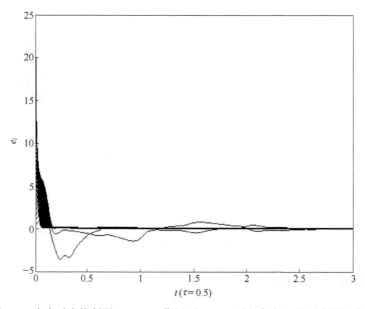

图 5.5 在自适应控制器 (5.10) 作用下 $\tau=0.5$ 时的复杂网络同步误差曲线

从图中明显地看到该复杂网络的同步误差接近于 0,并且发现时滞项对复杂网络的同步有些阻碍,响应曲线随着时间延迟的增大而受到影响。

综上所述,复杂网络自适应同步原理可表述为:不断检测指定同步节点和其他节点中的状态变量,运用减法器将状态变量分别相减,得到广义

$e_i(t)$，然后将误差 $e_i(t)$ 传递给自适应控制器，自适应控制器选取其中一维变量作为控制变量，根据误差 $e_i(t)$ 大小和变化趋势，及时调整自适应控制器输出值，使得指定节点和其他节点的状态变量均能同步变化，此时误差 $e_i(t)$ 趋于极小或下降为 0，实现整个复杂网络的自适应同步。其原理框图如图 5.6 所示。

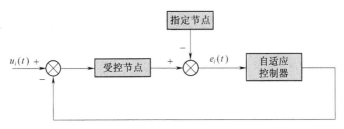

图 5.6　复杂网络自适应控制原理图

5.3　含二阶节点的带通信延迟和切换拓扑结构的复杂网络指数同步研究

5.3.1　数学模型及其网络同步问题

设二阶智能体惯性节点 i 的数学模型为[216]

$$M_i \ddot{x}_i = u_i \tag{5.23}$$

即

$$\begin{cases} \dot{x}_i = v_i \\ M_i \dot{v}_i = u_i \end{cases} \tag{5.24}$$

式中：$x_i \in \mathbb{R}^m$ 为位置矢量；$v_i \in \mathbb{R}^m$ 为速度矢量；$M_i \in \mathbb{R}^{m \times m}$ 为对称正定矩阵；$u_i \in \mathbb{R}^m$ 为同步控制输入。

令 $M = \mathrm{diag}\{M_1, M_2, \cdots, M_n\} \in \mathbb{R}^{nm \times nm}$，$x = [x_1, x_2, \cdots, x_n]^\mathrm{T} \in \mathbb{R}^{nm}$，$v = [v_1, v_2, \cdots, v_n]^\mathrm{T} \in \mathbb{R}^{nm}$，$u = [u_1, u_2, \cdots, u_n]^\mathrm{T} \in \mathbb{R}^{nm}$，那么根据式 (5.24)，对 n 个惯性体节点有

$$\begin{cases} \dot{x} = v \\ M\dot{v} = u \end{cases} \tag{5.25}$$

假设节点 i 对获得的关于 j 的信息存在一个时变时延 $\tau(t)$。时变时延 $\tau(t)$ 满足如下任一假设（其中 $l>0$，r 为常数）：

A1) $0 \leqslant \tau(t) \leqslant l$，$\dot{\tau}(t) \leqslant r < 1$（时变时延可导情形）。

A2) $0 \leqslant \tau(t) \leqslant l$（时变时延不可导情形）。

因此，对智能体惯性节点 i，控制律的形式可以写作：

$$u_i(t) = \sum_{j \in \aleph_i(\sigma(t))} [ba_{ij}\Lambda(v_j(t-\tau(t)) - v_i(t-\tau(t))) + da_{ij}\Lambda(x_j(t-\tau(t)) - x_i(t-\tau(t)))] \tag{5.26}$$

式中：$b > 0$，$d > 0$；$\Lambda \in \mathbb{R}^{m \times m}$ 为正定对角矩阵；$\sigma(t):[0, +\infty) \to \wp = \{1, \cdots, N\}$ 为系统通信拓扑切换信号（N 表示所有可能的有向图总数）；$\aleph_i(\sigma(t))$ 表示图 $\mathcal{G}_{\sigma(t)}$ 中节点 i 的邻点集合，为了讨论方便，在下面的论述中将 $\sigma(t)$ 简记为 σ。

根据式（5.25）和式（5.26），得到整个复杂网络的 Kronecker 积的形式模型为

$$\begin{cases} \dot{x} = v \\ M\dot{v} = -b(L^\sigma \otimes \Lambda)v(t-\tau(t)) - d(L^\sigma \otimes \Lambda)x(t-\tau(t)) \end{cases} \tag{5.27}$$

式中：$L^\sigma \in \mathbb{R}^{n \times n}$ 为图 $\mathcal{G}_\sigma$ 的 Laplacian 矩阵。本章对 Laplacian 矩阵 L^σ 作如下假设：

A3) $\text{rank}(L^\sigma) = n - 1$。

A4) $L^\sigma \mathbf{1}_n = 0$。

如果假设 A3) 成立，那么图 $\mathcal{G}_\sigma$ 为强连通图。当图为平衡图时，那么假设 A4) 成立[87]。

对于任意给定的 $\Phi = [\Phi_1, \Phi_2]^T \in \mathbb{C}^2$，其中 $\Phi_i \in \mathbb{C}$ $(i = 1, 2)$，$t_0 \in \mathbb{R}$，当 $t > t_0 - \tau(t)$ 时，式（5.27）存在一个唯一的解，记作 $x(t; t_0, \Phi_1)$，$v(t; t_0, \Phi_2)$。为了讨论方便，定义以下两个流形：

$$\Gamma_1 = \{[x_1, x_2, \cdots, x_n]^T \in \mathbb{R}^{nm}; x_i = x_j, i, j \in \Theta\},$$

$$\Gamma_2 = \{[v_1, v_2, \cdots, v_n]^T \in \mathbb{R}^{nm}; v_i = v_j, i, j \in \Theta\}$$

定义 5.3.1 对于 $\Phi_i \in \mathbb{C}$ $(i = 1, 2)$ 和 $t_0 \in \mathbb{R}$，如果存在常数 $\varepsilon_1 > 0$，$\varepsilon_2 > 0$，$\gamma_1 > 0$ 和 $\gamma_2 > 0$，使得

$$\|x_i - x_j\| \leq \gamma_1 e^{-\varepsilon_1(t-t_0)}, \quad i, j \in \Theta \tag{5.28}$$

$$\|v_i - v_j\| \leq \gamma_2 e^{-\varepsilon_2(t-t_0)}, \quad i, j \in \Theta \tag{5.29}$$

对所有 $t \geq t_0$ 和 $\tau(t) \in [0, l]$ 都成立，那么称流形 Γ_1 和流形 Γ_2 指数稳定，也称系统在控制输入下指数二阶同步。

5.3.2 二阶智能体惯性节点的分解变换

文献［216］中采用了分解变换技术将闭环动态节点分解成流形系统和锁相系统形式，在本节中借鉴这种方法将含二阶智能体惯性节点（5.27）分解

成两个子系统，取如下分解变换：
$$z = Kx \tag{5.30}$$
其中 $K \in \mathbb{R}^{nm \times nm}$ 表示变换矩阵，定义如下：

$$K = \begin{bmatrix} \varphi_1 & \varphi_2 & \varphi_3 & \cdots & \varphi_n \\ I_m & -I_m & 0 & \cdots & 0 \\ 0 & I_m & -I_m & \ddots & \vdots \\ \vdots & \vdots & \ddots & \ddots & 0 \\ 0 & \cdots & 0 & I_m & -I_m \end{bmatrix} \tag{5.31}$$

式中：$\varphi_i = (\sum_{j=1}^{n} M_j)^{-1} M_i \in \mathbb{R}^{m \times m}$，$z = [z_0, z_e]^T \in \mathbb{R}^{nm}$ 为新变量，这里
$$z_0 = (\sum_{j=1}^{n} M_j)^{-1} \sum_{i=1}^{n} M_i x_i \in \mathbb{R}^m$$
$$z_e = [x_1 - x_2, x_2 - x_3, \cdots, x_{n-1} - x_n]^T \in \mathbb{R}^{m(n-1)}$$

根据式（5.30），复杂网络式（5.27）可以改写为
$$K^{-T} M K^{-1} \ddot{z} = -b K^{-T}(L^\sigma \otimes \Lambda) K^{-1} \dot{z}(t-\tau(t)) - d K^{-T}(L^\sigma \otimes \Lambda) K^{-1} z(t-\tau(t)) \tag{5.32}$$

进而可以求得 $K^{-1} \in \mathbb{R}^{nm \times nm}$ 具有如下的形式

$$K^{-1} = \begin{bmatrix} I_m & \phi_2 & \phi_3 & \cdots & \phi_n \\ I_m & \phi_2 - I_m & \phi_3 & \cdots & \phi_n \\ I_m & \phi_2 - I_m & \phi_3 - I_m & \ddots & \vdots \\ \vdots & \vdots & \ddots & \ddots & \phi_n \\ I_m & \phi_2 - I_m & \cdots & \phi_{n-1} - I_m & \phi_n - I_m \end{bmatrix} \tag{5.33}$$

其中
$$\phi_i = \sum_{j=i}^{n} \varphi_j$$

根据式（5.33）可得
$$K^{-T} M K^{-1} = \begin{bmatrix} M_0 & 0 \\ 0 & M_e \end{bmatrix} \tag{5.34}$$

其中 $M_0 = \sum_{j=1}^{n} M_j \in \mathbb{R}^{m \times m}$，$M_e \in \mathbb{R}^{(n-1)m \times (n-1)m}$

由于矩阵 L^σ 的行之和都等于零，因此可得
$$K^{-T}(L^\sigma \otimes \Lambda) K^{-1} = \begin{bmatrix} 0 & \Theta^T \\ 0 & L_e^\sigma \end{bmatrix} \tag{5.35}$$

式中：$\Theta \in \mathbb{R}^{(n-1)m \times m}$，其第 j 个块元素为 $\Theta_j = -(\sum_{d=j+1}^{n} \sum_{i=1}^{n} L_{id}^\sigma) \Lambda \in \mathbb{R}^{m \times m}$，$j \in \{1, 2, \cdots, n-1\}$；$L_e^\sigma \in \mathbb{R}^{(n-1)m \times (n-1)m}$ 的第 (i, j) 块为
$$L_{e,ij}^\sigma = \phi_{i+1}^T \Theta_j + \sum_{r=i+1}^{n} \sum_{p=j+1}^{n} L_{rp}^\sigma \Lambda \in \mathbb{R}^{m \times m}$$

根据式（5.32）、式（5.34）和式（5.35），该复杂网络系统模型（5.27）可被分解为

$$M_0\ddot{z}_0 = -b\Theta^T\dot{z}_e(t-\tau(t)) - d\Theta^T z_e(t-\tau(t)) \quad (5.36)$$

$$M_e\ddot{z}_e = -bL_e^\sigma \dot{z}_e(t-\tau(t)) - dL_e^\sigma z_e(t-\tau(t)) \quad (5.37)$$

定理 5.3.1 考虑模型式（5.27），其分解变换为式（5.36）和式（5.37）。假设 A3)和 A4)成立，那么有以下结论成立：

(1) 对任意的初始条件和给定的 $\{b,d\}$，质心速度保持不变，即

$$\dot{z}_0(t) = \Big(\sum_{j=1}^n M_j\Big)^{-1} \sum_{i=1}^n M_i \dot{x}_i(t_0), \quad \forall\, t \geq t_0 \quad (5.38)$$

(2) 如果时滞微分方程

$$\dot{\varepsilon}(t) = A\varepsilon(t) + B^\sigma \varepsilon(t-\tau(t)) \quad (5.39)$$

其中 $\varepsilon = \begin{bmatrix} z_e \\ \dot{z}_e \end{bmatrix}$, $A = \begin{bmatrix} 0 & I_{(n-1)m} \\ 0 & 0 \end{bmatrix}$, $B^\sigma = \begin{bmatrix} 0 & 0 \\ -dM_e^{-1}L_e^\sigma & -bM_e^{-1}L_e^\sigma \end{bmatrix}$

对于零解指数稳定，那么流形 Γ_1 和流形 Γ_2 是指数稳定的。

证明：（1）根据 A4)可得，$\Theta_j = -\Big(\sum_{d=j+1}^n \sum_{i=1}^n L_{id}^\sigma\Big)\Lambda = 0$，因此有 $\Theta=0$。由式（5.36）可得 $M_0\ddot{z}_0 = 0$。显然对任意的 $t \geq t_0$，$\dot{z}_0$ 是不变的，即式（5.38）成立。

（2）根据式（5.37）可得

$$\ddot{z}_e = -bM_e^{-1}L_e^\sigma \dot{z}_e(t-\tau(t)) - dM_e^{-1}L_e^\sigma z_e(t-\tau(t)) \quad (5.40)$$

将式（5.40）改写成状态方程的形式即为式（5.39）。如果式（5.39）对于零解是指数稳定的，那么存在常数 $\gamma_0 > 0$ 和 $\lambda_0 > 0$ 使得式（5.39）在 $(t_0, \Phi) \in \mathbb{R} \times \mathbb{C}^2$ 上的解 $\varepsilon(t)$ 满足 $\|\varepsilon(t)\| \leq \gamma_0 e^{-\lambda_0(t-t_0)}$，显然流形 Γ_1 和流形 Γ_2 指数稳定。

5.3.3 含二阶节点的任意切换拓扑结构的时滞复杂网络同步

定理5.3.2 假设 A1)成立，通信拓扑 $\mathcal{G}_\sigma$ 满足 A3)和 A4)。对给定的常数 $\alpha > 0, l > 0, r \geq 0$，

如果存在相应维数的正定矩阵 P、R、Ψ 和任意矩阵 Θ_1、Θ_2 使得

$$\begin{bmatrix} \Delta_{11} & \Delta_{12} & q_0\Theta_1 & lA^T R \\ \Delta_{12}^T & \Delta_{22} & q_0\Theta_2 & l(B^\sigma)^T R \\ q_0\Theta_1^T & q_0\Theta_2^T & -q_0 R & 0 \\ lRA & lRB^\sigma & 0 & -lR \end{bmatrix} < 0 \quad (5.41)$$

其中

$$\Delta_{11} = PA + A^{\mathrm{T}}P + \alpha P + \Psi + \Theta_1^{\mathrm{T}} + \Theta_1$$

$$\Delta_{12} = PB^{\sigma} - \Theta_1 + \Theta_2^{\mathrm{T}}$$

$$\Delta_{22} = -(1-r)e^{\alpha l}\Psi - \Theta_2 - \Theta_2^{\mathrm{T}}, \quad q_0 = \frac{e^{\alpha l} - 1}{\alpha}$$

那么对于系统（5.27），流形 Γ_1 和流形 Γ_2 指数稳定。方程（5.39）的解满足

$$\|\varepsilon(t)\| \leq \sqrt{\frac{b_0}{a_0}} e^{\frac{-\alpha(t-t_0)}{2}} \|\varepsilon_{t_0}\|_c \tag{5.42}$$

其中
$$a_0 = \lambda_{\min}(P), \quad b_0 = \lambda_{\max}(P) + l\lambda_{\max}(\Psi) + \frac{l^2}{2}\lambda_{\max}(R)$$
$$\|\varepsilon_{t_0}\|_c = \sup_{-\tau(t) \leq \theta \leq 0} \{\|\varepsilon(t_0+\theta)\|, \|\dot{\varepsilon}(t_0+\theta)\|\} \tag{5.43}$$

可以得到

$$\dot{x}_i(t) \to \dot{z}_0(t) = \Big(\sum_{j=1}^{n} M_j\Big)^{-1} \sum_{i=1}^{n} M_i \dot{x}_i(t_0), \quad \forall i \in \Theta \tag{5.44}$$

证明： 选择 Lyapunov 函数

$$V(t) = V_1(t) + V_2(t) + V_3(t) \tag{5.45}$$

其中
$$V_1(t) = \varepsilon^{\mathrm{T}}(t) P \varepsilon(t)$$

$$V_2(t) = \int_{-l}^{0} \int_{t+\theta}^{t} \dot{\varepsilon}^{\mathrm{T}}(s) e^{\alpha(s-t)} R \dot{\varepsilon}(s) \mathrm{d}s \mathrm{d}\theta$$

$$V_3(t) = \int_{t-\tau(t)}^{t} \varepsilon^{\mathrm{T}}(s) e^{\alpha(s-t)} \Psi \varepsilon(s) \mathrm{d}s$$

根据式（5.39），可以得到

$$D^+ V_1(t) = 2\varepsilon^{\mathrm{T}}(t) P[A\varepsilon(t) + B^{\sigma}\varepsilon(t-\tau(t))]$$

$$D^+ V_2(t) \leq -\alpha \int_{-l}^{0} \int_{t+\theta}^{t} \dot{\varepsilon}^{\mathrm{T}}(s) e^{\alpha(s-t)} R \dot{\varepsilon}(s) \mathrm{d}s \mathrm{d}\theta +$$
$$l\dot{\varepsilon}^{\mathrm{T}}(t) R \dot{\varepsilon}(t) - \int_{t-\tau(t)}^{t} \dot{\varepsilon}^{\mathrm{T}}(s) e^{\alpha(s-t)} R \dot{\varepsilon}(s) \mathrm{d}s \tag{5.46}$$

$$D^+ V_3(t) = -\alpha \int_{t-\tau(t)}^{t} \varepsilon^{\mathrm{T}}(s) e^{\alpha(s-t)} \Psi \varepsilon(s) \mathrm{d}s + \varepsilon^{\mathrm{T}}(t) \Psi \varepsilon(t) -$$
$$(1-\dot{\tau}(t))\varepsilon^{\mathrm{T}}(t-\tau(t)) e^{-\alpha\tau(t)} \Psi \varepsilon(t-\tau(t))$$

再根据 Leibniz-Newton 公式[217]可得

$$2[\varepsilon^{\mathrm{T}}(t)\Theta_1 + \varepsilon^{\mathrm{T}}(t-\tau(t))\Theta_2]\Big[\varepsilon(t) - \int_{t-\tau(t)}^{t} \dot{\varepsilon}(s)\mathrm{d}s - \varepsilon(t-\tau(t))\Big] = 0$$
$$\tag{5.47}$$

根据 A1) 和式（5.47）可得

$$(1-\dot{\tau}(t))\varepsilon^{\mathrm{T}}(t-\tau(t))e^{-\alpha\tau(t)}\Psi\varepsilon(t-\tau(t))$$
$$\geqslant (1-r)\varepsilon^{\mathrm{T}}(t-\tau(t))e^{-\alpha l}\Psi\varepsilon(t-\tau(t)) \tag{5.48}$$

$$-\int_{t-\tau(t)}^{t}\dot{\varepsilon}^{\mathrm{T}}(s)e^{\alpha(s-t)}R\dot{\varepsilon}(s)\mathrm{d}s - 2[\varepsilon^{\mathrm{T}}(t)\Theta_1 + \varepsilon^{\mathrm{T}}(t-\tau(t))\Theta_2]\int_{t-\tau(t)}^{t}\dot{\varepsilon}(s)\mathrm{d}s$$
$$\leqslant -\int_{t-\tau(t)}^{t}(\xi^{\mathrm{T}}(t)\Theta + \dot{\varepsilon}^{\mathrm{T}}(s)e^{\alpha(s-t)}R)(e^{\alpha(s-t)}R)^{-1}(\Theta^{\mathrm{T}}\xi(t) + e^{\alpha(s-t)}R\dot{\varepsilon}(s))\mathrm{d}s +$$
$$q_0\xi^{\mathrm{T}}(t)\Theta R^{-1}\Theta^{\mathrm{T}}\xi(t) \tag{5.49}$$

其中 $\xi(t) = \begin{bmatrix} \varepsilon(t) \\ \varepsilon(t-\tau(t)) \end{bmatrix}$ $\Theta = \begin{bmatrix} \Theta_1 \\ \Theta_2 \end{bmatrix}$

根据式（5.46）、式（5.48）和式（5.49），可得
$$D^+V(t) + \alpha V(t) \leqslant \xi^{\mathrm{T}}(t)\Xi\xi(t)$$
$$-\int_{t-\tau(t)}^{t}(\xi^{\mathrm{T}}(t)\Theta + \dot{\varepsilon}^{\mathrm{T}}(s)e^{\alpha(s-t)}R)(e^{\alpha(s-t)}R)^{-1}(\Theta^{\mathrm{T}}\xi(t) + e^{\alpha(s-t)}R\dot{\varepsilon}(s))\mathrm{d}s$$
$$\tag{5.50}$$

其中 $\Xi = \begin{bmatrix} \Delta_{11} + lA^{\mathrm{T}}RA & \Delta_{12} + lA^{\mathrm{T}}RB^{\sigma} \\ \Delta_{12}^{\mathrm{T}} + l(B^{\sigma})^{\mathrm{T}}RA & \Delta_{22} + l(B^{\sigma})^{\mathrm{T}}RB^{\sigma} \end{bmatrix} + q_0\Theta R^{-1}\Theta^{\mathrm{T}}$

根据Schur补引理，可知式（5.34）保证了 $\Xi < 0$。由式（5.43）可得，
$$D^+V(t) + \alpha V(t) \leqslant 0$$

因此可得
$$V(t) \leqslant \sup_{-\tau(t)\leqslant s\leqslant 0}V(t_0+s)e^{-\alpha(t-t_0)} \tag{5.51}$$

根据式（5.43）~式（5.45），可得
$$a_0\|\varepsilon(t)\|^2 \leqslant V(t), \quad \sup_{-\tau(t)\leqslant s\leqslant 0}V(t_0+s) \leqslant b_0\|\varepsilon_{t_0}\|_c^2 \tag{5.52}$$

由式（5.42）可知，式（5.39）对于零点指数稳定。根据**定理 5.3.1**，当时滞 $\tau(t)$ 满足A1）时，对于系统（5.27），流形 Γ_1 和流形 Γ_2 指数稳定。根据 $x_i(t) - x_j(t) \to 0$ 有 $z_0(t) \to x_i(t)$，$\forall i \in \Theta$。根据式（5.38）可得式（5.45）。

定理 5.3.3 假设A2）成立，通信拓扑 G_σ 满足A3）和A4）。当 $\Psi = 0$ 时，如果式（5.41）成立，那么对于复杂网络式（5.27），流形 Γ_1 和流形 Γ_2 指数稳定。方程（5.39）的解满足
$$\|\varepsilon(t)\| \leqslant \sqrt{\frac{b_1}{a_0}}e^{\frac{-\alpha(t-t_0)}{2}}\|\varepsilon_{t_0}\|_c$$

其中 $a_0 = \lambda_{\min}(P)$，$b_1 = \lambda_{\max}(P) + \frac{l^2}{2}\lambda_{\max}(R)$

证明：选取 $V(t) = V_1(t) + V_2(t)$，采用类似**定理 5.3.1**的证明方法很容易得出结论。

推论 5.3.1 假设 A2) 成立，通信拓扑 $\mathcal{G}_\sigma$ 满足 A3) 和 A4)。如果存在正定矩阵 P、Q 和常数 $\beta > 0$ 使得

$$P(A + B^\sigma) + (A + B^\sigma)^T P \leq -\beta I_n, \quad \sigma \in \wp \tag{5.53}$$

$$2l^2 \frac{\lambda_{\max}(P)}{\lambda_{\min}(P)} \max_{\sigma \in \wp} \|(PB^\sigma)^T Q^{-1} PB^\sigma\| \cdot (\|A^T A\| + \max_{\sigma \in \wp} \|(B^\sigma)^T B^\sigma\|) + \lambda_{\max}(Q) < \beta \tag{5.54}$$

成立，那么对于复杂网络 (5.27)，流形 Γ_1 和流形 Γ_2 指数稳定。

证明：定义 Lyapunov 函数 $V(t) = V_1(t)$，根据 Leibniz-Newton 公式[217]，可得

$$\varepsilon(t) - \varepsilon(t - \tau(t)) = \int_{t-\tau(t)}^{t} \dot{\varepsilon}(s) \, ds \tag{5.55}$$

那么式 (5.39) 可进一步地写为

$$\dot{\varepsilon}(t) = (A + B^\sigma) \varepsilon(t) - B^\sigma \int_{t-\tau(t)}^{t} \dot{\varepsilon}(s) \, ds \tag{5.56}$$

根据式 (5.56) 可得

$$D^+ V(t) = \varepsilon^T(t) (P(A + B^\sigma) + (A + B^\sigma)^T P) \varepsilon(t) - 2 \int_{t-\tau(t)}^{t} \varepsilon^T(t) PB^\sigma \dot{\varepsilon}(s) \, ds$$

因为对任意正定矩阵 χ，有 $2x^T y \leq x^T \chi x + y^T \chi^{-1} y$，取

$$x = -\varepsilon(t), \quad y = \int_{t-\tau(t)}^{t} PB^\sigma \dot{\varepsilon}(s) \, ds, \quad \chi = Q$$

并由式 (5.53) 可知，

$$D^+ V(t) \leq -\beta \varepsilon^T(t) \varepsilon(t) + \varepsilon^T(t) Q \varepsilon(t) + \left(PB^\sigma \int_{t-\tau(t)}^{t} \dot{\varepsilon}(s) \, ds \right)^T$$

$$Q^{-1} \left(PB^\sigma \int_{t-\tau(t)}^{t} \dot{\varepsilon}(s) \, ds \right)$$

$$\leq (-\beta + \lambda_{\max}(Q)) \varepsilon^T(t) \varepsilon(t) + \max_{\sigma \in \wp} \|(PB^\sigma)^T Q^{-1} PB^\sigma\|$$

$$\int_{t-\tau(t)}^{t} \int_{t-\tau(t)}^{t} \dot{\varepsilon}(s) \dot{\varepsilon}(r) \, ds \, dr$$

$$\leq (-\beta + \lambda_{\max}(Q)) \varepsilon^T(t) \varepsilon(t) + 2l^2 \max_{\sigma \in \wp} \|(PB^\sigma)^T Q^{-1} PB^\sigma\|$$

$$\left(\|A^T A\| + \max_{\sigma \in \wp} \|(B^\sigma)^T B^\sigma\| \right) \times \sup_{t-2\tau(t) \leq s \leq t} \varepsilon^T(s) \varepsilon(s)$$

$$\leq -\frac{\beta - \lambda_{\max}(Q)}{\lambda_{\max}(P)} V(t) + 2l^2 \max_{\sigma \in \wp} \|(PB^\sigma)^T Q^{-1} PB^\sigma\|$$

$$\left(\|A^T A\| + \max_{\sigma \in \wp} \|(B^\sigma)^T B^\sigma\| \right) \times \frac{\sup_{t-2\tau(t) \leq s \leq t} V(s)}{\lambda_{\min}(P)}$$

根据引理 2.4.2 存在常数 $\gamma > 0$，使得下式成立：

$$V(t) \leq \sup_{-2\tau(t) \leq s \leq 0} V(\varepsilon(t_0 + s)) e^{-\gamma(t-t_0)}, \quad t \geq t_0$$

很明显地看出：

$$\|\varepsilon(t)\| \leq \sqrt{\frac{\lambda_{\max}(P)}{\lambda_{\min}(P)}} \sup_{-2\tau(t) \leq s \leq 0} \|\varepsilon(t_0+s)\| e^{-\frac{1}{2}\gamma(t-t_0)}, \quad t \geq t_0$$

即式（5.39）对于零解指数稳定。因此对于系统（5.27），流形 Γ_1 和流形 Γ_2 指数稳定。

如果 Laplacian 矩阵 L^σ 满足 A3) 和 A4)，那么 L^σ 有一个零特征值，其余特征值具有正的实部。令 $L^\sigma_* = \dfrac{L^\sigma + (L^\sigma)^{\mathrm{T}}}{2}$，即 L^σ_* 为 $\mathcal{G}_\sigma$ 的镜像强连通图的 Laplacian 矩阵[186]。L^σ_* 有一个零特征值，其余特征值具有正的实部。令 $K^{-\mathrm{T}} L^\sigma_* K^{-1} = \mathrm{diag}[0, \bar{L}^\sigma_*]$，那么 $\bar{L}^\sigma_*$ 为正定矩阵。

推论 5.3.2 假设 A2) 成立，通信拓扑 $\mathcal{G}_\sigma$ 满足 A3) 和 A4)。如果 $b > 0$，$d > 0$ 满足

$$\frac{d^2}{b^2}\lambda_{\max}(M_e) + \frac{1}{4d\min\limits_{\sigma \in \wp}\lambda_{\min}(\bar{L}^\sigma_*)} < 1 \qquad (5.57)$$

那么对于复杂网络（5.27），流形 Γ_1 和流形 Γ_2 指数稳定。

证明：定义 Lyapunov 函数 $V(t) = V_1(t)$，其中

$$P = \begin{bmatrix} I_{(n-1)m} & \dfrac{d}{b}M_e \\ \dfrac{d}{b}M_e & M_e \end{bmatrix}$$

根据 Schur 补引理和式（5.57），可知 P 是正定的。采用类似**推论 5.3.1** 的证明方法，可得

$$D^+V(t) = -\varepsilon^{\mathrm{T}}(t)Q\varepsilon(t) - 2\int_{t-\tau(t)}^{t}(\varepsilon^{\mathrm{T}}(t)PB^\sigma A\varepsilon(s) + \varepsilon^{\mathrm{T}}(t)PB^\sigma B^\sigma \varepsilon(s-\tau(t)))\mathrm{d}s$$

这里，

$$Q = \begin{bmatrix} \dfrac{2d^2}{b}L^\sigma_* & 2d\bar{L}^\sigma_* - I_{(n-1)m} \\ 2d\bar{L}^\sigma_* - I_{(n-1)m} & 2b\bar{L}^\sigma_* - \dfrac{2d}{b}M_e \end{bmatrix}$$

根据 Schur 补引理，式（5.57）保证 Q 是正定的。那么有下式：

$$D^+V(t) \leq (-\min_{\sigma \in \wp}\lambda_{\min}(Q) + l\max_{\sigma \in \wp}(\|PB^\sigma\|(\|A\| + \|B^\sigma\|)))\varepsilon^{\mathrm{T}}(t)\varepsilon(t) +$$

$$l\max_{\sigma \in \wp}(\|PB^\sigma\|(\|A\| + \|B^\sigma\|))\sup_{t-2\tau(t) \leq s \leq t}\varepsilon^{\mathrm{T}}(s)\varepsilon(s)$$

$$\leq -V(t)\frac{\min\limits_{\sigma \in \wp}\lambda_{\min}(Q) - l\max\limits_{\sigma \in \wp}(\|PB^\sigma\|(\|A\| + \|B^\sigma\|))}{\lambda_{\max}(P)} +$$

$$取 l < \frac{\min_{\sigma \in \wp}\lambda_{\min}(Q)}{\max_{\sigma \in \wp}(\|PB^\sigma\|(\|A\|+\|B^\sigma\|))\left(1+\dfrac{\lambda_{\max}(P)}{\lambda_{\min}(P)}\right)} \cdot \frac{l\max_{\sigma \in \wp}(\|PB^\sigma\|(\|A\|+\|B^\sigma\|))}{\lambda_{\min}(P)} \sup_{t-2\tau(t)\leqslant s\leqslant t}V(s)$$，根据**引理 2.4.2** 可得结论。

应用**推论 5.3.1** 和 **推论 5.3.2** 后，系统所允许的时滞上界分别由上式和式 (5.54) 给出。由于**推论 5.3.2** 是在**推论 5.3.1** 的基础上通过取特殊的 P 矩阵得到的，因此**推论 5.3.2** 是**推论 5.3.1** 的一个特例。

5.3.4 仿真研究

在二维空间中，对复杂网络中的任意 12 个含智能体惯性点进行仿真研究。图 5.7 给出 12 个具有 0-2 权重的强连通、平衡图。

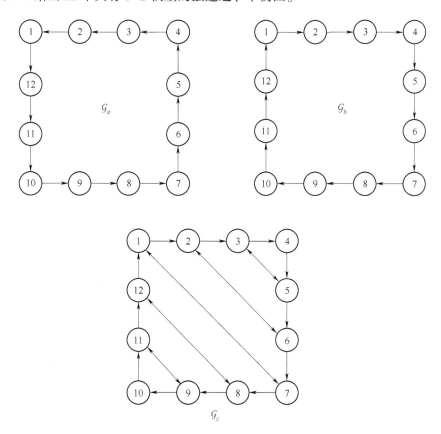

图 5.7 12 个含智能体惯性节点的复杂网络的强连通平衡图

考虑具有切换拓扑 $\{\mathcal{G}_a, \mathcal{G}_b, \mathcal{G}_c\}$ 的有向网络。这里，x_i 和 v_i 的初始值分别在区域 $[0, 800] \times [0, 800]$ 和 $[0, 800] \times [0, 800]$ 内随机选取。12 个含智能体惯性节点的惯性量分别取为 $M_1 = \mathrm{diag}\{1, 1, 1, 1\}$，$M_2 = \mathrm{diag}\{2, 2, 2, 2\}$，$\cdots$，$M_{12} = \mathrm{diag}\{12, 12, 12, 12\}$。由式（5.17）可知，对任意切换信号 $\sigma(t)$，存在合理的 $l > 0$，式（4.17）对于零点指数稳定。取 $b = 1$，$d = 0.6$，$\alpha = 0.3$，$r = 0.2$ 应用**定理 5.3.1**，可以求得最大时滞上界为 $l = 0.12$。

假设复杂网络中时变时滞为 $\tau(t) = 0.2\sin(3t) + 1.5$，图 5.8 和图 5.9 给

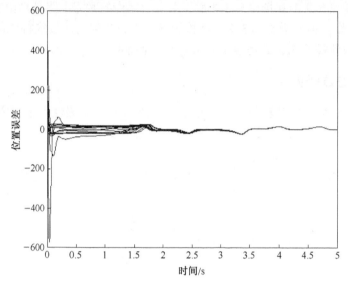

图 5.8　智能体惯性节点的位置误差曲线

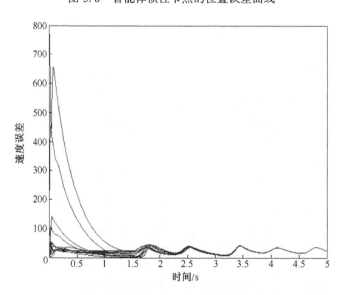

图 5.9　智能体惯性节点的位速度误差曲线

出在任意切换信号作用下含智能体惯性节点的复杂网络同步的仿真结果。图 5.8 给出智能体惯性节点的位置误差曲线。图 5.9 给出了智能体惯性节点的速度误差曲线。从曲线上很容易看出对于具有时滞和时变拓扑的网络，所设计的同步控制策略实现了二阶的指数稳定，证明了本章所提出的充分条件的有效性和正确性。

5.4 本章小结

复杂网络的同步发展到现在，一直很受人们的关注，是复杂网络领域中的一个重要的研究方向，人们在该领域投入了很多精力，并取得了很多成果，如状态反馈实现复杂网络的同步、离散系统线性耦合网络的同步、时滞复杂动力网络的同步等。本章首先针对含时滞节点和耦合延迟结构的复杂网络同步问题，提出了一种同步控制器设计方法，并基于 Lyapunov 稳定性理论给出了网络同步的充分条件定理，为验证所提出网络同步充分条件的正确性，针对一个含有 50 个 M-G 系统节点的环状网络，利用 MATLAB 对算法进行了仿真，给出了各个节点与期望轨迹的误差图，并对该图进行了分析，仿真结果表明所提出的定理及结论是正确的。其次，研究了在任意切换通信拓扑结构下，而且传输信号为时滞的含智能体惯性节点的复杂网络二阶同步问题。通过采用分解变换技术，将含智能体节点的惯性体作用合成到同步控制器的设计中，并且给出了这类复杂网络实现指数二阶同步的充分条件。得出的结论对实际工程控制问题，如多机电系统的同步控制、分布式卫星系统的编队控制、多船舶系统的分布式复杂网络、无人飞机的合作控制，群集，分布式的无线传感器网络，以及卫星的姿态簇等问题都具有理论指导意义。

第 6 章
总结与展望

时钟同步问题是分布式网络设计和实现的一个关键因素，国内外的很多专家和学者们都对时钟同步算法做了大量的工作，取得了很多的研究成果。本书在前人的理论和成果的基础上主要研究了 IGPS 基站网络时钟同步问题，同时针对其他网络同步问题展开了研究。实验和应用结果表明本研究不仅具有重要的理论意义，而且具有广阔的应用前景。

6.1 本书创新点

（1）针对 IGPS 基站网络时钟同步问题，提出一种基于自适应离散卡尔曼滤波的时钟同步方法，该方法利用测量新息序列在估计移动窗内的分段静止特性来在线实时估计时钟的参数信息和过程噪声与测量噪声的协方差，在线实时修正时钟相位偏差和时钟偏移。

（2）提出了一种基于多智能体一致性理论思想的快速平均同步算法（FASA）来实现 IGPS 基站网络时钟同步，并证明了该方法的收敛性以及收敛速度。仿真实验结果表明该方法比其他方法具有更快的同步速度。

（3）针对一类具有时滞节点和耦合延迟结构的复杂网络，设计了自适应同步控制器；基于 Lyapunov 稳定性原理，提出并证明了在该自适应控制器作用下，这类复杂网络达到局部渐近稳定和全局稳定的充分条件。

（4）提出并证明了具有任意切换通信拓扑、拓扑图为平衡图，且传输信号带有时变迟延的含智能体惯性节点的复杂网络实现二阶同步的充分条件。

6.2 未来研究展望

目前，对于时钟同步和其他网络同步问题的研究是一个具有潜力和实际意义并富有挑战的研究领域。本书主要研究了时钟同步以及其他网络同步的问题，虽然得出了一系列的研究成果，但我们认为还有以下几点有意义的工作需要深入地研究：

（1）时钟同步问题由于受到各种因素的制约，实现的精度始终有限，因此对于此问题的研究将更加注重在减小网络负担、有效实现故障恢复等方面以及在其他功能和作用上做进一步的探索。

（2）关于多智能体理论与时钟同步结合的问题。本书只针对应用问题做了初步的探索，例如本书较好地应用了基于多智能体一致性理论的 FASA 进行时钟同步，但是还需要进一步强化 FASA 的应用，例如 FASA 的容错性和鲁棒性方面的研究，这将成为未来应用中值得探索的方向。因此，未来还有大量的工作需要我们去研究和探索。

（3）复杂网络同步能力的优化问题。如何进行网络优化是一个富有挑战性的课题。在过去的研究中，学者们深入讨论了加强整个网络同步的效果。但在现实世界中我们很难控制和实现所有的网络节点来实现网络同步，但是可以通过控制少量的节点来实现复杂网络同步，这就涉及网络优化的问题。

参 考 文 献

[1] Mills D L. Algorithms for synchronizing network clocks [J]. DARPA Network Working Group Report RFC-956, M/A-COM Linkabit, 1985.

[2] Leslie L. Time, clocks and the ordering of events in a distributed system [J]. Communication of ACM, 21, 1987: 558-564.

[3] Reinhard S, Friedemann M. Detecting causal relationships in distributed computation: In search of the holy grail [J]. Distributed Computing, 1994, 7: 149-174.

[4] Luciana A, Denis P, Pierre S, Bertil F. The barrier-lock clock: A scalable synchronization-oriented logical clock [J]. Parallel Processing Letters, 2001, 11 (1), 172-188.

[5] Lundelius J, Lynch N. A new fault-tolerant algorithm for clock synchronization [J]. Information and Computation, 1988, 77: 1-36.

[6] 赵英, 黄九梅. 异步环境下基于时钟精度的时间同步 [J]. 东南大学学报（自然科学版）, 2002, 32: 171-173.

[7] Zhang L, Liu Z, Xia H. Clock synchronization algorithms for network measurements [C]. In IEEE INFOCOM, 2002: 160-169.

[8] Fetzer C, Cristian F. Integrating external and internal clock synchronization [J]. Journal of Real-Time Systems, 1997, 12 (2), 123-171.

[9] 郭雷, 许晓鸣. 复杂网络 [M]. 上海: 上海科学技术出版社, 2006, 67-95.

[10] Wu C W. Synchronization in networks of nonlinear dynamical systems via a directed graph [J]. Nonlinearity, 2005, 18: 1057-1064.

[11] Wu C W. Perturbation of coupling matrices and its effect on the synchronizability in arrays of coupled chaotic systems [J]. Physics Letters A, 2003, 319: 495-503.

[12] Moreno Y, Pacheco A F. Synchronization of Kuramoto oscillators in scale-free networks [J]. The European Physical Letters, 2004, 68: 603-609.

[13] Yu W, Cao J, Lü J. Global synchronization of linearly hybrid coupled networks with time-varying delay [J]. SIAM Journal on Applied Dynamical Systems, 2008, 7 (1): 108-133.

[14] Zhou J, Lu J, Lü J. Pinning adaptive synchronization of a general complex dynamical network [J]. Automatica, 2008, 44 (4): 966-1003.

[15] Zhang Q, Lu J, Lü J, Tse C. K. Adaptive feedback synchronization of a general complex dynamical network with delayed nodes [J]. IEEE Transactions on Circuits System II, 2008, 55 (2): 183-187.

[16] Liu J, Lü J, He K, Li B, Tse C K. Characterizing the structure quality of general complex software networks via statistical propagation dynamics [J]. International Journal of Bifurcation and Chaos, 2008, 18 (2): 605-613.

[17] Liu J, Lu J, Lü J. Exploring the synchronizability of small-world networks via different semi-random strategies [J]. Dynamics of Continuous, Discrete and Impulsive Systems: Se-

ries B: Applications & Algorithms, 2007, 14 (S6): 31-38.

[18] Zhou J, Lu J A, Lü J. Adaptive synchronization of an uncertain complex dynamical network [J]. IEEE Transactions on Automation Control, 2006, 51 (4): 652-656.

[19] Watts D J, Strogatz S H. Collective dynamics of "small-world" networks [J]. Nature, 1998, 393 (6684): 440-442.

[20] Barabási A L, Albert R. Emergence of scaling in random networks [J]. Science, 1999, 286 (5439): 509-512.

[21] Strogatz S H. Exploring complex networks [J]. Nature, 2001, 410: 268-276.

[22] Chua L O, Roska T. Cellular neural networks and visual computing: foundation and applications [M]. New York, Cambridge University Press, 2002, 1-50.

[23] Guelzim N, Bottani S, Bourgine P, et al. Topological and causal structure of the yeast transcriptional regulatory network [J]. Nature Genetics, 2002, 31 (1): 60-63.

[24] Cardillo A, Scellato S, Latora V, Porta S. Structural properties of planar graph of urban street patterns [J]. Physical Review E, 2006, 73: 066107.

[25] S. Boccaletti, Latora V, MorenoY, et al. Complex networks: Structure and dynamics [J]. Physics Reports, 2006, 424 (4-5): 175-308.

[26] Lü J, Chen G. A time-varying complex dynamical network models and its controlled synchronization criteria [J]. IEEE Transactions on Automatic Control, 2005, 50 (6): 841-846.

[27] Lü J, Yu X H, Chen G, Cheng D Z. Characterizing the synchronizability of small-world dynamical networks [J]. IEEE Transactions on System I, 2004, 51 (4): 787-796.

[28] Lü J, Yu X H, Chen G. Chaos synchronization of general complex dynamical networks [J]. Physica A, 2004, 334 (1-2): 281-302.

[29] Lü J, Leung H, Chen G. Complex dynamical networks: Modeling, synchronization and control [J]. Dynamical Continuous Discrete Impulsive System Series B, 2004, 11: 70-77.

[30] Lü J. Mathematical models and synchronization criterions of complex dynamical networks [J]. System Engineering Theory and Practice, 2004, 24 (4): 17-22.

[31] 汪小帆,李翔,陈关荣. 复杂网络——理论与应用 [M]. 北京: 清华大学出版社, 2006.

[32] 赵明,汪秉宏,蒋品群,周涛. 复杂网络动力系统同步的研究进展 [J]. 物理学进展, 2005, 25 (3): 273-295.

[33] Wang X F, Chen G. Synchronization in scale-free dynamical networks: Robustness and fragility [J]. IEEE Transactions on Circuits and Systems I, 2002, 49 (1): 54-62.

[34] Sue B M, Paul S, Don T. Estimation and removal of clock skew from network delay measurement [A]. IEEE Proceedings of INFOCOM'99, Eighteenth Annual Joint Conference of the IEEE Computer and Communications Societies [C]. IEEE, 1999. 21-25.

[35] Sue B M, Jim K, Don T. Packet audio playout delay adjustment performance bounds and algorithms [C]. ACM/Springer Multimedia Systems, 1998, 17-28.

[36] Sue B M, Paul S, Don T. Estimation and removal of clock skew from network delay measure-

ment [M]. Department of Computer Science, University of Massachusetts at Amherst, Amberst, MA 01003, 1998.

[37] Masato T, Tetsuya T, Yuji O. Estimation of clock offset from one-way delay measurement on asymmetric paths [C]. Proceeding of the 2002 Symposium on milliseconds on Application and Internet (SAINT' 02W), 2002 IEEE.

[38] 李明国, 等. 基于概率同步算法的计算机外时钟同步系统 [J]. 计算机仿真, 2002, 19 (3): 95-100.

[39] 何万里, 隋江华, 任光. 时钟同步算法的分析和比较 [J]. 计算机工程与应用, 2004, 34: 51-53.

[40] 贺鹏. 网络时间同步算法研究与实现 [J]. 计算机应用, 2003, 23 (2): 15-17.

[41] 李明国, 宋海娜. 计算机时钟同步技术研究 [J]. 系统仿真学报, 2002, 14 (4): 477-480.

[42] 孙海燕, 候朝祯. Internet 网络时延测量中的时钟同步算法 [J]. 计算机程与应用, 2006: 20-22.

[43] Azevedo M M, Blough D M. Multistep Interactive Convergence: An Efficient Approach to the Fault-Tolerant Clock Synchronization of Large Multicomputers [J]. IEEE Transactions on Parallel and Distributed System, 1998, 9 (12): 101-121.

[44] Bouzelat A, Mammeri Z. Simple reading, implicit rejection and average funtion for fault-tolerant physical clock synchronization [C]. The 23rd EUROMICRO Conference on New Frontiers of Information Technology, 1997: 524-530.

[45] Butler R W. A survey of provably correct fault-tolerant clock synchronization techniques [P]. NASA Technical Memorandum 100553, Langley Research Centre, February 1988.

[46] Cristian F H, Aghili R. Clock synchronization in the presence of omission and performance faults, and processor joins [C]. Proceeding of Sixteenth International Symposium on Fault-Tolerant Computing, 1986: 218-233.

[47] Gusella R, Zatti S. The accuracy of the clock synchronization achieved by TEMPO in Berkeley UNIX 4.3 BSD [J]. IEEE Transactions on Software Engineering. 1989, 15 (7): 847-853.

[48] Augusto C. Uniform Timing of A Multi-cast Service [C]. Proceedings of the 19th IEEE International Conference on Distributed Computing Systems, Austin, Texas, USA, 1999: 120-132.

[49] Cristian F. Probabilistic clock synchronization [J]. Distributed Computing, Springer Verlag, 1989, 3: 146-158.

[50] Dolev D, Halpern J, Simons B, Strong R. Dynamic fault-tolerant clock synchronization [J]. ACM, 1995, 42 (1): 143-185.

[51] Wilcox D R. Backplane bus distributed realtime clock synchronization [R]. Technical Report 1400, Naval Ocean Systems Center, 1990: 67-72.

[52] Vasanthavada N, Marinos P N. Synchronization of fault-tolerant clocks in the presence of malicious failures [J]. IEEE Transactions on Computers, 1988, 37 (4): 440-448.

[53] Time and Frequency Dissemination Services [P]. NBS Special Publication 432, U. S. Department of Commerce, 1979: 38-43.

[54] Tripathi S K, Chang S H, Tempo E. A clock synchronization algorithm for hierarchical LANs-implementation and measurements [R]. Systems Research Center Technical Report TR-86-48, University of Maryland.

[55] Tryon P V, Jones R H. Estimation of parameters in models for cesium beam atomic clocks [J]. Research of the National Bureau of Standards. 1983: 88.

[56] Su Z. A specification of the Internet protocol (IP) timestamp option [R]. Network Working Group Report RFC-781. SRI International, 1981.

[57] Tel G, Korach E, Zaks S. Synchronizing ABD networks [J]. IEEE/ACM Transactions on Networking, 1994, 2 (1): 66-69.

[58] Storz W, Beling G. Transmitting time-critical data over heterogeneous subnetworks using standardized protocols [J]. Mobile Networks and Applications 2, Balzer Science Publishers, 1997: 243-249.

[59] Snow C R. A multi-protocol campus time server [J]. Software Practice and Experience. 1991, 21 (9): 43-53.

[60] Srikanth T K, Toueg S. Optimal clock synchronization [J]. Journal of the ACM, 1987, 34 (3): 626-645.

[61] Zhang L, Liu Z, Xia C H. Clock synchronization algorithms for network measurements [J]. Proceedings of IEEE INFOCOM, 2002: 650-661.

[62] Emmanuelle A, Isabelle P. Performance evaluation of clock synchronization algorithms [J]. Institute National De Recherche En Informatique Et En Automatique, 1998.

[63] Goyer P, Momtahan P, Selic B. A synchronization service for locally distributed applications [C]. IFIP Conference on Distributed Processing held at RAI Amsterdam, 1987: 56-70.

[64] Emmanuelle A, Isabelle P. A Taxonomy of Clock Synchronization Algorithms [R]. IRISA Theme1 - Reseaix et systems, Projet Solidor Publication interne 1102 - Juillet, 1997: 25-36.

[65] Lamport L, Melliar-Smith P M. Synchronizing Clocks in the Presence of Faults [J]. ACM, 1995, 32 (1): 52-78.

[66] Schneider F B. Understanding Protocols for Byzantine Clock Synchronizationp [M], Tech. Rep, Dept. of Comp. Sci. , Cornell Univ. , Ithaca, NY, 1987: 87-859.

[67] Suri N, Hugue M M, Walter C J. Synchronization Issues in Real-Time Systems [J]. Proceeding of IEEE, 1994, 82 (1): 41-54.

[68] AzevedoM M, Blough D M. Fault-Tolerant Clock Synchronization of Large Multicomputers via Multistep Interactive Convergence [C]. Proceedings of the 16th International Conference on Distributed Computing Systems, 2007: 68-79.

[69] Papachristodoulou A, Jadbabaie A. Synchronization in oscillator networks: Switching topologies and non-homogeneous delays [C]. IEEE Proceedings of the 44th IEEE Conference on Decision and Control. Spain: Seville, 2005: 5692-5697.

[70] Elson J, Girod L, Estrin D. Fine-grained network time synchronization using reference broadcasts. [C] IEEE Proceedings of the 5th symposium on operating systems design and implementation. USA: Boston, 2002: 147-163.

[71] Werner A G, Tewari G, Patel A, Welsh M, Nagpal R. Firefly-inspired sensor network synchronicity with realistic radio effects [C]. IEEE Proceedings of ACM Conference on Embedded Networked Sensor Systems. USA: SanDiego, 2005.

[72] Solis R, Orkar V, Kumar P R. A new distributed time synchronization protocol for multihop wireless networks [C]. IEEE Proceedings of the 45th IEEE Conference on Decision and Control. USA: SanDiego, 2006: 2734-2739.

[73] Pecora L M, Carroll T L. Master stability functions for synchronized coupled systems [J]. Physical Review Letters, 1998, 80: 2109-2112.

[74] Barallona M, Pecora L M. Synchronization in small-world systems [J]. Physical Review Letters, 2004, 89 (5): 054101.

[75] Pecora L M, Carroll T I. Master Stability Function for Synchronized Coupled Systems [J]. Physical Review Letters, 1998, 80 (10): 2109-2112.

[76] Heagy J F, Carroll T L, Pecora L M. Short Wavelength Bifurcations and Size Instabilities in Coupled Oscillator Systems [J]. Physical Review Letters, 1995, 74 (21): 4185-4188.

[77] Gade P M. Synchronization of oscillators with random nonlocal connectivity [J]. Physical Review E, 1996, 54 (1): 64-70.

[78] Hu G, Yang J, Liu W. Instability and controllability of linearly coupled oscillators: Eigenvalue analysis [J]. Physical Review E, 1998, 58 (4): 4440-4453.

[79] Fink K, Johnson G, Carroll T, et al. Three coupled oscillators as a universal probe of synchronization stability in coupled oscillator arrays [J]. Physical Review E, 2000, 61 (5): 5080-5090.

[80] Jost J, Joy M P. Spectral properties and synchronization in coupled map lattices [J]. Physical Review E, 2001, 65 (1): 016201 (9).

[81] Barahona M, Pecora L M. Synchironization in Small-World Systems [J]. Physical Review Letters, 2002, 89 (5): 054101 (4).

[82] Chen Y, Rangarajan G, Ding M. General stability analysis of synchronized dynamics in coupled systems [J]. Physical Review E, 2003, 67 (4): 026209 (4).

[83] Heagy J F, Carroll T L, Pecora L M. Synchronous chaos in coupled oscillator systems [J]. Physical Review E, 1994, 50 (3): 1874-1885.

[84] Rangarajan G, Ding M. Stability of synchronized chaos in coupled dynamical systems [J]. Physics Letters A, 2002, 296: 204-209.

[85] 汪小帆，李翔，陈关荣. 复杂网络理论及其应用 [M]. 北京: 清华大学出版社, 2006: 18-46.

[86] Chen Y, Rangarajan G, Ding M. General stability analysis of synchronized dynamics in coupled systems [J]. Physical Review E, 2003, 67 (4): 026209 (4).

[87] Belykb I V, Belykh V N, Hasler M. Connection graph stability method for synchronized cou-

pled chaotic systems [J]. Physica D, 2004, 195: 159-187.

[88] Leyva I, Sendina-Nadal I, Almendral J A, Sanjuan M A F. Sparse repulsive coupling enhances synchronization in complex networks [J]. Physical Review E, 2006, 74: 056112.

[89] Amritkar R E, Hu C K. Synchronized state of coupled dynamics on time-varying networks [J]. Chaos: An Interdisciplinary Journal of Nonlinear Science, 2006, 16: 015117.

[90] Skufca J D, Bollt E. Communication and synchronization in disconnected networks with dynamic topology: Moving neighborhood networks [J]. Mathematieal Biosciences English, 2004, 1 (2): 347-359.

[91] Stilwell D J, Bollt E, Roberson D. Sufficient conditions for fast switching synchronization in time-varying network topologies [J]. SIAM Joumal on Applied Dynamical System, 2006, 5 (1): 140-156.

[92] Belykh I V, Hasler M, Laurent M, Nijmeijer. Synchronization and graph topology [J]. International Journal of Bifurcation and Chaos, 2005, 15 (11): 3423-3433.

[93] Belykh I, Belykh V, Hasler M. Blinking model and synchronization in small-worid networks with a time-varying coupling [J]. Physica D, 2004, 195: 188-206.

[94] Belykh I, Belykh V, Hasler M. Generalized connection graph method for synchronization in asymmetrical networks [J]. Physica D, 2006, 224 (1-2): 42-51.

[95] Chen M Y. Synchronization in time-varying networks: A matrix measure approach [J]. Physical Review E, 2007, 76: 016104.

[96] Li C G, Chen G. Synchronization in general complex dynamical networks with coupling delays [J]. Physica A, 2004, 343: 263-278.

[97] Gao H J, Lam J, Chen G. New criteria for synchronization stability of general complex dynamical networks with coupling delays [J]. Physics Letters A, 2006, 360 (2): 263-273.

[98] Wang Q Y, Chen G R. Novel criteria of synchronization stability in complex networks with coupling delays [J]. Physica A, 2007, 378 (2): 527-536.

[99] Li P, Yi Z, Zhang L. Global synchronization of a class of delayed complex networks [J]. Chaos, Solitons and Fractals, 2006, 30 (4): 903-908.

[100] Lu W L, Chen T P, Chen G. Synchronization analysis of linearly coupled systems described by differential equations with a coupling delay [J]. Physica D, 2006, 221 (2): 118-134.

[101] Liu X, Chen T P. Exponential synchronization of nonlinear coupled dynamical networks with a delayed coupling [J]. Physica A, 2007, 381: 82-92.

[102] Liu B, Teo K L. Global synchronization of dynamical networks with coupling time delays [J]. Physics Letters A, 2007, 381: 82-92.

[103] Wang L, Dai H P, Sun Y X. Synchronization criteria for a generalized complex delayed dynamical network model [J]. Physica A, 2007, 383 (2): 703-713.

[104] Zhou J, Xiang L, Liu Z R. Synchronization in complex delayed dynamical networks with impulsive effects [J]. Physica A, 2007, 384 (2): 684-692.

[105] Zhou J, Xiang L, Liu Z R. Global synchronization in general complex delayed dynamical networks and its applications [J]. Physica A, 2007, 2 (385): 729-742.

[106] Lu W L, Chen T P. Synchronization of coupled connected neural networks with delays [J]. IEEE Transactions on Circuits System-I, 2004, 51 (12): 2491-2503.

[107] Wang W W, Cao J D. Synchronization in an array of linearly coupled networks with time-varying delay [J]. Physica A, 2006, 366: 197-211.

[108] Wang R Q, Chen L N. Synchronizing genetic oscillators by signaling molecules [J]. Journal of Biological Rhythms, 2005, 20: 257-269.

[109] Sun Y, Cao J D. Exponential synchronization of stochastic perturbed chaotic delayed neural networks [J]. Neurocomputing, 2007, 70 (13-15): 2477-2485.

[110] Lü J. Mathematical models and synchronization criterions of complex dynamical networks [J]. System Engineering Theory and Practice, 2004, 24 (4): 17-22.

[111] Hou Z G, Cheng L, Tan M. Decentralized robust adaptive control for the multiagent system consensus problem using neural networks [J]. IEEE Transactions on Systems, Man, and Cyberneyics, Part B, 2009, 39 (3), 636-647.

[112] Wang R Q, Chen L N. Synchronizing genetic oscillators by signaling molecules [J]. Journal of Biological Rhythms, 2005, 20: 257-269.

[113] Ren W, Beard R W. Consensus seeking in multi-agent systems under dynamically changing interaction topologies [J]. IEEE Transactions on Automatic Control, 2005, 50 (5): 655-660.

[114] Olfati-Saber R, Murry R M. Consensus problems in networks of agents with switching topology and time-delays [J]. IEEE Transactions on Automatic Control, 2004, 49 (9): 1520-1533.

[115] Moreau L. Stability of continuous-time distributed consensus algorithms [C]. Proeeedings of the 42nd IEEE Conference on Decision and Control CDC, 12-17 December, 2004.

[116] Gade P M. Synchronization of oscillators with random nonlocal connectivity [J]. Physical Review E, 1996, 54: 64.

[117] Gade P M, Hu C K. Synchronization and coherence in thermodynamic coupled map lattices with intermediate-range coupling [J]. Physical Review E, 1999, 60: 4966.

[118] Gade P M, Hu C K. Synchronous chaos in coupled map lattices with small-world interactions [J]. Physical Review E, 2000, 62: 6409.

[119] Hong H, Kim B J, Choi M Y, et al. Factors that predict better synchronizability on complex networks [J]. Physical Review E, 2004, 69: 067105.

[120] Peeora L M, Carrol T L. Synchronizing in Chaotic Systems [J]. Physical Review Letters, 1990, 64: 1196.

[121] Mehmet A, Robert S. Distributed Probabilistic Synchronization Algorithm for Communication Network [J]. IEEE Transctions on Automatic Control, 2008, 53 (1): 389-393.

[122] Gray C M. Synchronous oscillations in neuronal systems: mechanisms and functions [J]. Journal of Computer Neurosci, 1994, 1 (1-2): 11-38.

[123] Wang X F, Chen G. Complex networks: Small world, scale-free and beyond [J]. IEEE Circuits and system Magazine, 2003, 3 (1): 6-21

[124] Li X, Chen G. Synchronization and desynchronization of complex dynamical networks: An engineering viewpoint [J]. IEEE Transactions on Circuits and Systems - I, 2003, 50 (11): 1381-1390.

[125] Motter A E, Zhou C, Kurths J. Network synchronization, diffusion, and the paradox of heterogeneity [J]. Physical Review E, 2005, 71: 016116.

[126] Li C, Chen G. Synchronization in general complex dynamical networks with coupling delays [J]. Physica A, 2004, 343: 263-278.

[127] Li C P, Sun W G, Kurths J. Synchronization of complex dynamical networks with time delays [J]. Physica A, 2006, 361 (1): 24-34.

[128] Jiang P Q, Wang B H, Bu S L, et al. Hyperchaotic synchronizaion in deterministic small-world dynamical networks [J]. International Journal of Modern Physics B, 2004, 18: 2674.

[129] Li C, Xu H, Liao X, Yu J. Synchronization in small-world oscillator networks with coupling delays [J]. Physica A, 2004, 335: 359-364.

[130] Li C, Li S, Liao X, Yu J. Synchronization in coupled map lattices with small-world delayed interactions [J]. Physica A, 2004, 335: 365-370.

[131] Atay F M, Jost J, Wende A. Delays, connection topology, and synchronization of coupled chaotic maps [J], Physical Review Letters, 2004, 92: 144101.

[132] Denker M, Timme M, Diesmann M, et al. Breaking synchrony by heterogeneity in complex networks [J]. Physical Review Letters, 2004, 92: 074103.

[133] Restrepo J G, Ott E, Hunt B R. Spatial patterns of desynchronization bursts in networks [J]. Physical Review E, 2004, 69: 066215.

[134] Horn, R A, Johnson, C R. Matrix Analysis [M]. New York: Cambridge University Press, 1985.

[135] Boyd S, Ghaoui L E, Feron E, Balakrishnan V. Linear matrix ineaualities in system and control theory [J]. SIAM, Philadelphia, 1994.

[136] Halanay A. Differential Equations: Stability Oscillations Time Lags [M]. Academic Press, 1996.

[137] 张守信. GPS卫星测量与应用 [M]. 长沙: 国防科技大学出版社, 1997.

[138] Parkinson, B W et al. Global Positioning System Theory and Application [J], AIAA, 1995, 1: 481-483.

[139] European Commission [P], Galileo Mission High Level Definition, 2002.

[140] Jimmy L M, Javier D S, Jani J. Assisted GPS, A Low Infrastructure Approach [M]. GPS World, 2002.

[141] Liang K, Jia X., Wu C, Study on IGPS Application in Orbit Determining of Little Satellite Constellation [J], Journal of Institute of Command and Technology, 2000, 11 (4): 38-42.

［142］ Stewart C H. GPS pseudolites: theory, design, and applications ［D］. USA: Stanford University, 1997.

［143］ Junichiro M., Yusuke H, Takaaki H, Yuichi T, Satoru S. The Inverse GPS based positioning System using 2.4 GHz band Radio Signals- System Design and Fundamental Experiments ［C］. Proceeding of The 2006 IEEE Intelligent Transportation Systems Conference, Canada, 2006: 788-792.

［144］ 梁开莉, 贾鑫, 吴冲华. 倒GPS技术在小卫星星座定轨中的应用研究 ［J］. 指挥技术学院学报, 2000, 11 (4): 38-42.

［145］ Levanon N. Lowest GDOP in 2-D Scenarios ［J］. IEEE Proc. -Radar, Sonar Navig., 2002: 147, 149-155.

［146］ 倪学义, 乐美龙. 全球定位系统（GPS）中几何精度因子的几何结构 ［J］. 上海海运学院学报, 1996, 17 (2): 57-65.

［147］ Chen J, Chen X. Special matrices ［M］. Tsinghua University Press, Beijing, 2001.

［148］ McKAY J B, PACHTER M. Geometry optimization for GPS navigation ［C］. Proceedings of the 36th Conference on Decision & control, December 1997: 4695-4699.

［149］ Lin Z Y, Francis B, Maggiore M. Necessary and sufficient graphical conditions for formation control of unicycles ［J］. IEEE Transactions on Automatic Control, 2005, 50 (1): 121-127.

［150］ Morikawa E, Miura R, Matsumoto Y, Kimura K, Arakaki Y, Ohmori S, Wakana H. Communications and radio determination system using two geostationary satellites. Part I: system and experiments ［J］. IEEE Transactions on Aerospace and Electronic Systems, 1995: 784-794.

［151］ Haines B J, Wu S C, 张纪生. 基于GPS跟踪技术的TDRS星测轨 ［J］. 1996, (04): 53-64.

［152］ Milanese M and Vicino A. Optimal estimationtheory for dynamic system with set membership uncertainty: an overview ［J］. Automatica, 1991, 27 (6): 997-1009.

［153］ 周露, 吴摇华, 闻新. 自适应状态和参数的联合估计新方法 ［J］. 信息与控制, 1996, 25 (1): 16-20.

［154］ Myers K A, Taplry B D. Adaptive sequential estimation with unknown noise statistics ［J］. IEEE Transactions on Automatic Control, 1976, 18: 520-523.

［155］ Zhang L, Liu Z, Xia H H. Clock synchronization algorithms for network measurements ［C］. In: Proceedings of the 21st Annual Joint Conference of the IEEE Computer and Communications Societies, New York: IEEE Press, 2002: 160-169.

［156］ Moon S B. Measurement and analysis of end-to-end delay and loss in the Internet ［M］. USA: University of Assachusetts, Amherst, 2000.

［157］ Loffeld O. Estimationstheorie ［J］. Oldenbourg-Verlag. Munchen, 1990.

［158］ Lin Z Y, Francis B, Maggiore M. State agreement for continuous-time coupled nonlinear system ［J］. SIAM J. Control Optim, 2007, 46 (1): 288-307.

［159］ Jadbabaie A, Lin J, Morse A S. Coordination of groups of mobile autonomous agents using nearest neighbor rules [J]. IEEE Transctions on Automatic Control, 2003, 48 (6): 988-1001.

[160] Lin Z Y, Francis B, Maggiore M. Necessary and sufficient graphical conditions for formation control of unicycles [J]. IEEE Transctions on Automatic Control, 2005, 50 (1): 121-127.

[161] Li H G, Wu Q D. Summary on research of multi-agent system [J]. Journal of Tongji University, 2003, 31 (6): 728-732.

[162] Russell S, Norvig P. Artificial intelligence: a modern approach [M]. Prentice-Hall, 1995.

[163] Kadar B, Monnstori L, Szelke E. An object-oriented framework for developing distributed manufacturing architecture [J]. Journal of Intelligent Manufacturing, 1998, 9 (2): 173-179.

[164] Lin Z Y, Brouke M, Francis B. Local control strategies for groups of mobile autonomous agents [J]. IEEE Transctions on Automatic Control, 2004, 49 (4): 622-629.

[165] Patre P M, MacKunis W, Makkar C, Dixon W E. Asymptotic tracking for systems with structured and unstructured uncertainties [J]. IEEE Transactions on Control Systems Technology, 2008, 16 (2): 373-379.

[166] Egerstedt M, Hu X M. Formation constrained multi-agent control [J]. IEEE Transactions on Robotics and Automation, 2001, 17 (6): 947-951.

[167] Lin Z Y, Francis B, Maggiore M. Necessary and sufficient graphical conditions for formation control of unicycles [J]. IEEE Transactions on Automatic Control, 2005, 50 (1): 121-127.

[168] Li T, Zhang J F. Asymptotically optimal decentralized control for a class of multi-agent systems [C]. Proceedings of the 25th Chinese Control Conference, 2006: 346-351.

[169] Wang R Q, Chen L N. Synchronizing genetic oscillators by signaling molecules [J]. Journal of Biological Rhythms, 2005, 20: 257-269.

[170] Ren W, Beard R W. Consensus seeking in multi-agent systems under dynamically changing interaction topologies [J]. IEEE Transactions on Automatic Control, 2005, 50 (5): 655-660.

[171] Haddad W M, Chellaboina V. Stability theory for nonnegative and compartmental dynamical systems with time delay [J]. System and Control Letters, 2004, 51 (5): 355-361.

[172] Cao M, Morse A S, Anderson B O. Reaching a consensus in a dynamically changing environment: A graphical approach [J]. SIAM Journal on Control and Optimization, 2008, 47 (2): 575 - 600.

[173] Boyd S, Ghosh A, Prabhakar B, Shah D. Randomized gossip algorithms [J]. IEEE Transactions on Information Theory/ACM Transactions on Networking, 2006, 52 (6): 2508-2530.

[174] Shang Y L. Fixed-time group consensus for multi-agent systems with non-linear dynamics and uncertainties [J]. IET Control Theory and Applications, 2018, 12 (3): 395-404.

[175] Hale J K, Lunel S M V. Introduction to functional differential equations [M]. Springer-

Verlag, New York, 1993

[176] Xu J X, Yan T. On the convergence speed of a class of higher order ILC schemes [C]. IEEE Proceedings of the 40th IEEE Conference on Decision and Control. USA, 2001: 4932-4937.

[177] Yu W W, Chen G, Lü, J H. On pinning synchronization of complex dynamical networks [J]. Automatica, 2009, 45 (3): 429-435.

[178] Nikhil C, Mark W S. On Exponential Synchronization of Kuramoto Oscillators [J]. IEEE Transctions on Automatic Control, 2009, 54 (2): 353-357.

[179] Duan Z S, Chen G R, Huang L. Disconnected Synchronized Regions of complex Dynamical Networks [J]. IEEE Transctions on Automatic Control, 2009, 54 (4): 845-849.

[180] Wang Y W, Wang H O, Xiao J W, Guan Z H. Synchronization of complex dynamical networks under recoverable attacks [J]. Automatica, 2010, 46: 197-203.

[181] Dhamala M, JirsaV K, Ding M. Enhancement of neural synchrony by time delay [J]. Physical Review Letters, 2004, 92 (7): 074104.

[182] 苏宁军, 苏宏业, 褚健. 不确定时滞系统鲁棒镇定新方法 [J]. 控制理论与控制应用, 2004, 21 (3): 432-434.

[183] 王景成, 苏宏业, 褚健. 一类不确定时滞系统的鲁棒 H$_\infty$ 控制器设计 [J]. 自动化学报, 1998, 24 (4): 566-569.

[184] 陈新海, 李言俊, 周军. 自适应控制及应用 [M]. 西安: 西北工业大学出版社, 1998.

[185] Zhou J, Lu J. Adaptive synchronization of an uncertain complex dynam icalnetwork [J]. IEEE Transactions on Automatic Control, 2006, 51 (4): 652-656.

[186] 范瑾. 复杂动态网络同步性能分析 [D]. 上海: 上海交通大学, 2006.

[187] Chen W D, Gu D L, Xi Y G. Mdistributed cooperation for multiple mobile robots based on multi-modal interactions [J]. Acta Automatica Sinica, 2004, 30 (5): 671-678.

[188] Han C Z, Zhu H Y. Multi-sensor information fusion and automation [J]. Acta Automatica Sinica, 2002, 28 (Suppl): 117-124.

[189] Yuan K, Li Y, Fang L X. Multiple Mobile Robot Systems: A Survey of Recent Work [J]. Acta Automatica Sinica, 2007, 37 (8): 785-794.

[190] Jadbabaie A, Lin J, Morse A S. Coordination of groups of mobile autonomous agents using nearest neighbor rules [J]. IEEE Transactions on Automatic Control, 2003, 48: 988-1001.

[191] Ren W, Beard R W. Consensus seeking in multiagent systems under dynamiclly changing interaction topologies [J]. IEEE Transactions on Automatic Control, 2005, 50: 655-661.

[192] Lin Z, Francis B, Maggiore M. Necessary and sufficient graphical conditions for formation control of unicycle [J]. IEEE Transactions on Automatic Control, 2005, 1: 121-127.

[193] Moreau L. Stability of multiagent systems with time-dependent communication links [J]. IEEE Transactions on Automatic Control, 2005, 50: 169-182.

[194] 杨文, 汪小帆, 李翔. 一致性问题综述 [C], 中国控制会议, 2006: 1491-1495.

[195] Ren W, Beard R W, Atkins E M. Information consensus in multivehicle cooperative control [J]. IEEE Control system magazine, 2007, 27: 71-82.

[196] Hu J, Hong Y G. Leader-following coordination of multi-agent systems with coupling time delay [J]. Physical A, 2007, 374: 853-863.

[197] Lawton J R, Beard R W. Synchronized multiple spacecraft rotations [J]. Automatica, 2002, 38: 1359-1364.

[198] Lawton J R, Beard R W, Young R. A decentralized approach to formation maneuvers [J]. IEEE Transactions on Robotics and Automation, 2003, 19: 933-941.

[199] Lee D, Spong M W. Stable flocking of multiple inertial agents on balanced graphs [J]. IEEE Transactions on Automatic Control, 2007, 52: 1469-1475.

[200] Ren W. Consensus strategies for cooperative control of vehicle formations [J]. IET Proceedings of Control Theory and Apllication, 2007, 1: 505-512.

[201] Ren W, Atkins E. Distributed multi-vehicle coordinated control via local information exchange [J]. International Journal of Robust and Nonlinear Control, 2007, 17: 1002-1033.

[202] Olfati-Saber R. Flocking for multi-agent dynamic systems: algorithms and theory [J]. IEEE Transactions on Automatic Control, 2006, 51: 401-420.

[203] Tanner T G, Jadbabaie A, Pappas G J. Flocking in fixed and switching networks [J]. IEEE Transactions on Automatic Control, 2007, 52: 863-868.

[204] Xie G M, Wang L. Consensus control for a class of networks of dynamic agents: switching topology [C]. Proceeding of 2006 American Control Conference, 2006: 1382-1387.

[205] 俞辉, 王永骥, 程磊. 基于有向网络的智能群体群集运动控制 [J]. 控制理论与应用, 2007, 28: 79-83.

[206] Wang J H, Hu J P, Cheng D Z. Consensus problem of multi-agent systems with an active leader and time delays [C]. Chinese Control Conference, 2006: 340-345.

[207] 俞辉, 蹇继贵, 王永骥. 多智能体时滞网络的加权平均一致性 [C]. 控制与决策, 2007, 22: 558-561.

[208] Sun Y G, Wang L, Xie G M. Average consensus in networks of dynamics agents with switching topologies and multiple time-varying delays [J]. System control letters, 2007, doi: 10.1016./j.sysconle.2007.08.009.

[209] 刘成林, 田玉平. 具有不同通信时延的多个体系统的一致性 [J]. 东南大学学报, 2008, 38: 170-174.

[210] Lin P, Jia Y M. Average consensus in networks of multi-agents with both switching topology and coupling time-delay [J]. Physical A, 2008, 387: 303-313.

[211] Su H, Wang X. Second-order consensus of multiple agents with coupling delay [C]. Intelligent Control and Automation, 2008, WCICA: 7181-7186.

[212] Mackey M, Glass L. Oscillation and chaos in physiological control system [J]. Science, 1977, 197: 287-289.

[213] Li Z, Chen G. Robust adaptive synchronization of uncertain dynamical networks [J]. Physics Letter A, 2004, 324: 166-178.

[214] 楼顺天, 于卫, 闫华梁. MATLAB 程序设计语言 [M]. 西安: 西安电子科技大学出版社, 1999.

[215] Guan X P, Chen C L, Peng H P, Fan Z P. Time-delayed feedback control of time-delay chaotic systems [J]. International Journal of Bifurcation and Chaos, 2003, 13 (1): 193-205.

[216] Lee D, Spong M W. Stable flocking of multiple inertial agents on balanced graphs [J]. IEEE Transactions on Automatic Control, 2007, 52: 1469-1475.

[217] Wu M, He Y, SHE J. Delay-dependent robust stability and stabilization criteria for uncertain neutral systems [J]. ACTA AUTOMATICA SINICA, 2005, 31 (4): 578-583.